世界第一簡單
馬達

森本　雅之◎著
國立台灣科技大學電機系教授　黃仲欽◎審訂
衛宮紘◎譯

前言

　　我們身邊充滿馬達，可以說是無處不有。冷氣、吸塵器等家電產品，大多靠馬達驅動，生活所需的瓦斯、自來水，也是使用裝有馬達的幫浦、壓縮機運送。沒有馬達，我們的生活將難以為繼。

　　全世界的馬達大約有七成是由日本工廠製造。日本可說是馬達的王國，技術引領全球。

　　隨著馬達種類與使用的增加，越來越多人想瞭解馬達的原理及使用方式。許多非專科的朋友認為，馬達的專業書籍難以理解。為什麼會難以理解呢？馬達只是利用電流和磁力相互作用而旋轉的機械啊。由於電流和磁力肉眼都無法看見，看不見的東西以文字、數學式說明，並無法讓人掌握概念，因為看不到。說明馬達的原理及構造，不能用文字，也不能用數學式，而應該使用簡單易懂的圖像。而且，僅有圖像並不夠，還必須使用包含圖像和文字的漫畫。本書將以漫畫的形式說明馬達的原理，接著解說常用馬達的原理與使用方式，包括直流電馬達、無刷馬達、感應馬達與同步馬達。

　　操作馬達的學問稱為電機工程，而電機工程的教科書連電機系的學生都覺得困難。本書將以漫畫的形式說明馬達，讓非電機系的讀者也能理解。

　　漫畫書籍的出版可說是一種「工藝」，需經過原作內容的加工、作畫到編輯原稿，最後才能印刷出版。各過程的負責人稍有疏失，即會讓這本漫畫「工藝品」產生瑕疵，本書也是多人合力「製作」的漫畫工藝品。希望讀者讀完本書，能夠喜歡上馬達，但變成馬達狂熱者就不必啦。

森本雅之

目 錄

📖 **序章｜聽我說！馬達很厲害喔！** ················· **1**

📖 **第 1 章｜各種馬達** ·· **9**

    1.1 生活中的馬達 ······························ 10

    1.2 常見的馬達 ·································· 20

    1.3 馬達的進化 ·································· 24

    第 1 章　補充

     ● 二十一世紀的馬達 ····················· 33

     ● 馬達的分類 ···························· 34

📖 **第 2 章｜什麼是馬達？** ································ **37**

    2.1 什麼是馬達？ ······························ 38

    2.2 馬達的構造 ·································· 43

    2.3 馬達轉動的原理 ···························· 45

    2.4 發電機與馬達 ······························ 53

    2.5 轉矩是什麼？ ······························ 56

    第 2 章　補充

     ● 什麼是磁場？ ························· 60

     ● 馬達為什麼會旋轉？ ··················· 62

     ● 轉矩的計算 ·························· 66

📖 第 3 章 | 直流馬達 ·········· **69**

   3.1   直流馬達的原理 ················· 70

   3.2   直流馬達的構造 ················· 75

   3.3   直流馬達旋轉的轉速可以改變 ··· 79

   第 3 章   補充

   ● 直流馬達為什麼會旋轉？ ·········· 84

   ● 轉矩常數與電動勢常數 ············· 86

   ● 直流馬達的等效電路與控制方法 ··· 87

📖 第 4 章 | 無刷馬達 ·········· **89**

   4.1   什麼是電刷？ ··················· 90

   4.2   無刷馬達的原理 ················· 97

   4.3   無刷馬達的構造 ················ 103

   第 4 章   補充

   ● 電刷的功用 ····················· 107

   ● 無刷馬達為什麼會旋轉？ ········· 108

   ● 一個開關切換電刷 ··············· 109

   ● 無刷馬達的感測器 ··············· 110

   column   無刷馬達的名稱 ·········· 111

📖 第 5 章 | 同步馬達 ·········· **115**

   5.1   交流電 ······················· 116

   5.2   旋轉磁場 ····················· 123

   5.3   同步電壓的原理 ··············· 127

第 5 章　補充

● 什麼是交流電？ ··· 137

● 交流電與旋轉磁場 ··· 139

● 同步馬達為什麼會旋轉？ ···································· 143

● 同步馬達的構造 ··· 145

column　電感 ·· 147

第 6 章 │ 感應馬達 ··· **149**

6.1　感應馬達的原理 ··· 150

6.2　感應馬達的構造 ··· 158

6.3　感應馬達的特性 ··· 162

第 6 章　補充

● 感應馬達為什麼會旋轉？ ···································· 171

● 感應馬達的構成 ··· 173

● 感應馬達的性能 ··· 173

column　阻抗 ·· 175

附錄　其他的馬達 ··· 183

‧步進馬達（Stepper Motor） ································· 184

‧SR馬達 ·· 186

‧線性馬達 ·· 188

索引 ··· 189

序章 聽我說！馬達很厲害喔！

重考一年，我終於考上大學。

來到東京，但……

冰箱和電子鍋都還沒買。

啊……

千堂電器行

找到了！電器行！

和田創太

啊！

抱歉，打擾了！

這對第一次來的客人，
好像太刺激了。

笑容

！

呵呵，
抱歉……

好可愛……

喔？這位是
「店員六號」

……目前
還在測試中，

嘿……果然，
東京真先進……

我正在測試無線操作，
聲音也能用遙控器操作喔。

謝謝您的惠顧！

妳能不能幫
我選家電呢？

最近的家電
功能太多……

我不知道該買
哪一種……

咦？

5

我們身邊到處都是馬達。

馬達的構造簡單，
卻功能強大。

店員六號內部　　馬達

一百年前，馬達就使用於各種機器，

馬達在我們
看不到的地方，
持續進化。

馬……馬達的歷史
真是悠久……

我，千堂戀……
是「馬達狂熱者」！

得意！

第 **1** 章 各種馬達

日本
每年約一兆 kWh 的
發電量……

有一半以上
都用來驅動馬達。

一半以上？

甚至有人認為……

若馬達的運轉效率提高
1％，日本即可廢除
好幾座發電廠。

咦……
像東京這樣的大城市，
到處都是馬達嗎？

其實鄉下也到處都有
馬達喔！

例如……

你知道電風扇的
這個部分有馬達嗎？

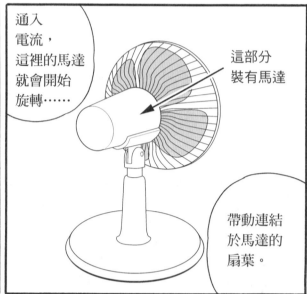

通入
電流，
這裡的馬達
就會開始
旋轉……

這部分
裝有馬達

帶動連結
於馬達的
扇葉。

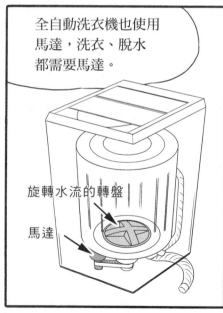

全自動洗衣機也使用
馬達，洗衣、脫水
都需要馬達。

旋轉水流的轉盤

馬達

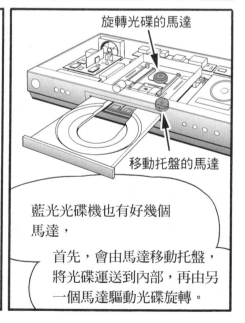

旋轉光碟的馬達

移動托盤的馬達

藍光光碟機也有好幾個
馬達，

首先，會由馬達移動托盤，
將光碟運送到內部，再由另
一個馬達驅動光碟旋轉。

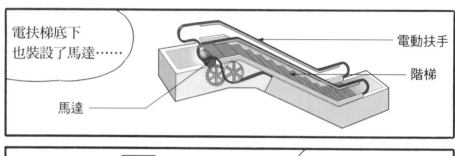

電扶梯底下
也裝設了馬達……

電動扶手

階梯

馬達

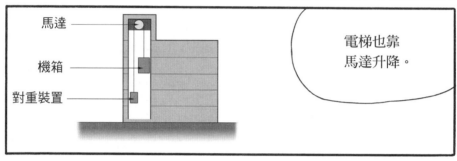

馬達

機箱

對重裝置

電梯也靠
馬達升降。

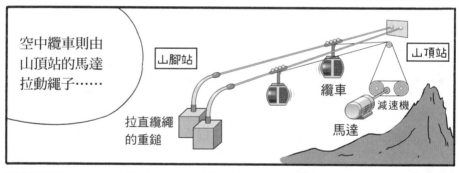

空中纜車則由
山頂站的馬達
拉動繩子……

山腳站

山頂站

纜車

減速機

拉直纜繩
的重鎚

馬達

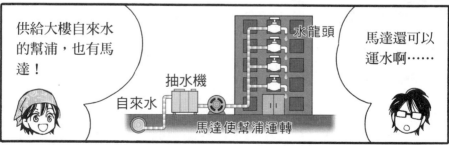

供給大樓自來水
的幫浦，也有馬
達！

水龍頭

抽水機

自來水

馬達使幫浦運轉

馬達還可以
運水啊……

交通工具更是
使用很多馬達喔!

電車底下
附有輪子的
轉向架（Bogie）。

馬達

利用轉向架,
內部的馬達可
帶動輪子轉動……

推動電車前進。

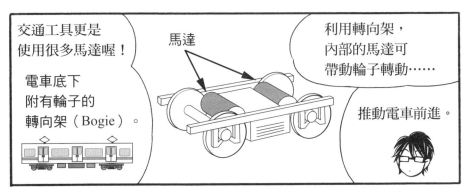

電動車以馬達驅動。

混合動力車（Hybrid
Vehicle）則是混用引
擎和馬達。

電池

發電機

引擎

電池

馬達

馬達

電動車

混合電動車

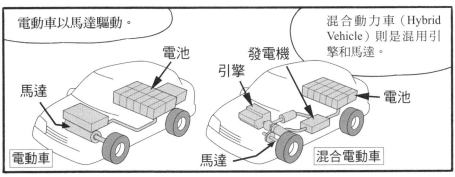

船底部的螺旋槳
也裝有馬達,

螺旋槳的轉動使船前進,
或改變行進方向。

螺旋槳

馬達

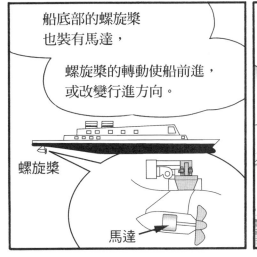

這樣啊……
新式的車子能
以電力驅動啊。

但是，靠引擎行駛的汽車也使用很多馬達喔。

咦……在哪裡？

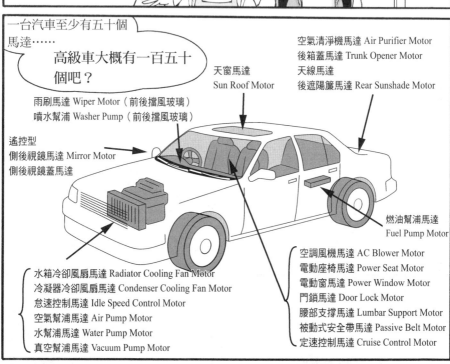

一台汽車至少有五十個馬達……

高級車大概有一百五十個吧？

雨刷馬達 Wiper Motor（前後擋風玻璃）
噴水幫浦 Washer Pump（前後擋風玻璃）

遙控型
側後視鏡馬達 Mirror Motor
側後視鏡蓋馬達

天窗馬達
Sun Roof Motor

空氣清淨機馬達 Air Purifier Motor
後箱蓋馬達 Trunk Opener Motor
天線馬達
後遮陽簾馬達 Rear Sunshade Motor

燃油幫浦馬達
Fuel Pump Motor

水箱冷卻風扇馬達 Radiator Cooling Fan Motor
冷凝器冷卻風扇馬達 Condenser Cooling Fan Motor
怠速控制馬達 Idle Speed Control Motor
空氣幫浦馬達 Air Pump Motor
水幫浦馬達 Water Pump Motor
真空幫浦馬達 Vacuum Pump Motor

空調風機馬達 AC Blower Motor
電動座椅馬達 Power Seat Motor
電動窗馬達 Power Window Motor
門鎖馬達 Door Lock Motor
腰部支撐馬達 Lumbar Support Motor
被動式安全帶馬達 Passive Belt Motor
定速控制馬達 Cruise Control Motor

汽車各部位，裝載了大量的馬達。

這……這麼多？

除了輪子，汽車還有很多地方要轉動啊。

汽車引擎風扇
與燃油幫浦,
都需要馬達才能轉動。

燃油幫浦

引擎

汽車的馬達,除了轉動,還有其他運動方式。

例如,
電動窗……

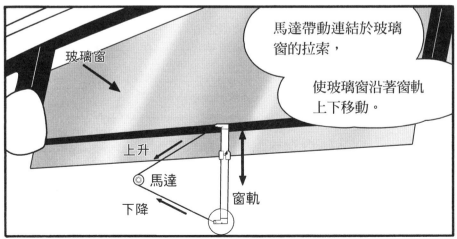

玻璃窗

馬達帶動連結於玻璃窗的拉索,

使玻璃窗沿著窗軌上下移動。

上升

馬達

下降

窗軌

1.2 常見的馬達

永遠不要
再來了！

轟轟一！

不愧是
小戀。

沒有啦……

最近商店街
常出現那種人……

有小戀在，
我就安心了。

嗯……
他是誰？

啊，我的
客人。

剛剛我為他說明馬達的厲害，
那位大叔卻來找碴。

原來如此……

20

除了冷氣與混合動力車，第三種
「同步馬達（Synchronous Motor）」
也用於許多機器！

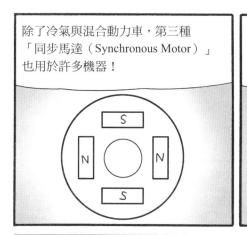

從小型的換氣扇、電風扇，
到大型的機器，都使用第四種
「感應馬達（Induction Motor）」！

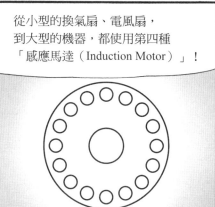

此外，還有「SR 馬達」、
「線性馬達（Linear Mo-
tor）」等，各式各樣的
馬達……

〈旋轉馬達〉　定子（Stator）　　　　〈線性馬達〉

轉子（Rotor）

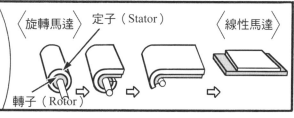

認識這四種
馬達……

就能體會馬達的
厲害之處！

馬達的種類	常見用途	常用尺寸
直流馬達	汽車、音響設備、玩具模型	超小型
無刷馬達	家電、電腦	小型
同步馬達	冷氣、機器人、電動車	小型～中型
感應馬達	幫浦、電車、電梯、換氣扇	小型～大型

嘿……
馬達好像
很厲害。

你開始感興趣了嗎？

我是讀文組的……
重考一年，好不
容易才考上大學。

雖然喜歡動畫，
但不懂機械……

從前我
完全不認識
馬達……

慢慢了解，
你也會迷上馬達喔！

近來開發出許多
厲害的馬達……

這多虧了
二十世紀末的
「三大革命」！

三大！

三大革命？

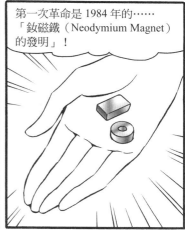

第一次革命是 1984 年的……
「釹磁鐵（Neodymium Magnet）
的發明」！

釹磁鐵的磁力非常強，
多虧這種永久磁鐵……

馬達不但越做越
小，連外形都能
變化，可以做成
扁平型，也可做
成細長型。

多虧這個磁鐵……

順帶一提，
釹磁鐵由
日本人發明。

利用這種磁鐵來
擴展馬達的功能，
也是日本的技術。

日本人的「工藝」
製造能力果然
很厲害……

我舉身邊的東西為例，
說明「馬達的進化」吧……

舉例來說，
「無機房電梯」！

日本的地下鐵
有很多從剪票口
直達月台的電梯。

那也是出自於
「馬達的進化」。

機房

以前的電梯，
必須在屋頂
設置馬達和
減速器的「機房」。

所以，
要設置到達地下室的電梯，
必須在地面上建造機房。

而在地下鐵上方建設機房，
更是相當困難的工程。

多虧釹磁鐵
讓我們做出扁平型
的馬達，

裝設於電梯的
通道。

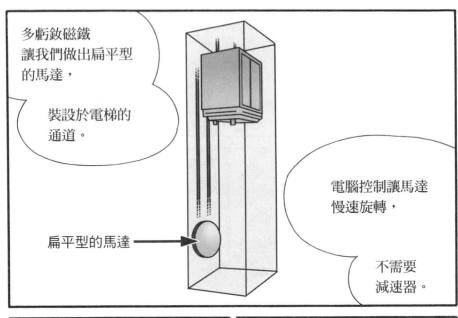

扁平型的馬達 →

電腦控制讓馬達
慢速旋轉，

不需要
減速器。

不用減速器，馬達直接轉動的驅
動方式，稱為「直接驅動（Di-
rect Drive）」。

多虧這些進步的技術……

才有「無機房」、
「地下」電梯。

人類的……
技術也在進化啊。

新式高樓大廈的屋頂沒有水塔……也是託「馬達進化」的福。

以前人們都在屋頂設置水塔，將水汲取到屋頂，儲存起來，

再利用高低差產生水壓，供給自來水。

最近則改成持續運轉幫浦，增加水壓。

根據用水情況，調整馬達的運轉，保持水壓穩定。

馬達驅動的幫浦

所以屋頂不用再裝設水塔啦。

地面

此外，報紙的顏色增加，也多虧「馬達的進化」。

咦！那個也是？

印製報紙的「輪轉印刷機」，需要多於五十台的馬達來驅動，

以能以每分鐘幾萬份的速度印刷報紙。

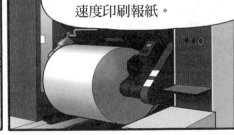

但是彩色印刷，除了黑色，還有青色、洋紅、黃色，

這三種顏色的墨水。

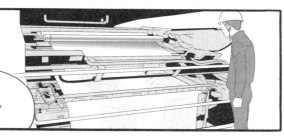

以前日本的報紙，為了防止顏色印錯，需要花時間慢慢印……

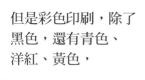

所以只有星期天的報紙是彩色版。

但是，馬達的進化讓我們能精密地控制輪轉機……

所以現在每天都有彩色報紙！

哇一一！

馬達很厲害吧！從家電、自來水到報紙……

嘿嘿，無所不能！

你們想繼續認識馬達嗎？

第1章 補 充

二十一世紀的馬達

人類文明的發達，來自於能源利用技術的進步，例如：生火以使用熱能、發明車輪搬運重物等。到了近代，人們還發明蒸汽機，利用蒸汽的力量，引發工業革命。後來，更發明發電機，讓各種自然能源（石油、煤、水力等）轉換成電能。

現今，我們的生活處處依靠電能，而且有一半以上的電能（電力）都用於驅動馬達。

1960 年代，日本有三種家電被稱為「家庭神器」。這三個神器分別是各個家庭都非常想要的洗衣機、電冰箱以及黑白電視機，其中兩個神器需要使用馬達。亦即，家裡有兩台馬達，即能擁有便利的生活。後來，電風扇、磁帶錄音機的出現，使家中的馬達數量逐漸增加。今日，家中的馬達已經多到難以掌握，人們處處依靠馬達，卻不曉得馬達到底位在哪些機器中。明明家裡、公司與街上到處都是馬達，我們卻不曉得，為什麼呢？因為多數的馬達都安裝在機器內部。

某些家電產品可由外觀看出馬達的存在，例如電風扇、洗衣機。但手機的震動裝置內部也有直徑約 2mm 的超小型馬達，可擺盪擺鎚使手機震動。也就是說，現代人隨身攜帶著馬達。

交通工具已逐步由引擎驅動的時代，邁入馬達驅動的時代。別說是電車、電動車，最近連船也換成馬達驅動。而引擎汽車的內部，使用了超過一百台的馬達，街上也有很多東西都使用馬達驅動，例如電扶梯、電梯等。供給大樓住戶自來水的幫浦也使用馬達，停電時，大樓沒辦法供給自來水，是因為馬達沒辦法運轉。

馬達充滿我們的生活，其實是最近的事。邁入二十一世紀前，馬達出現了巨大的變化：①高性能釹磁鐵的發明、②電腦的進步、③控制電流半導體（IGBT）的發明。

　　釹磁鐵是由釹、鐵、硼（Nd-Fe-B）做成的磁鐵，磁力比以前的主流「鐵氧體磁鐵」強十倍。由於釹磁鐵，馬達越做越小，更易於組裝到機器內部。大家應該都曉得，個人電腦（PC）的出現帶動了電腦界的快速發展，同時也帶動馬達控制技術的進步。IGBT [1] 和電腦的結合，促成電子電力學的技術進步，讓我們能夠自由控制馬達的旋轉。

　　旋轉馬達需要電流。發明馬達的十八世紀，電源只有來自電池的直流電，因此當時所有的馬達都是直流馬達。後來，交流發電機問世，逐漸出現交流馬達，因此馬達可依電源，分成直流馬達和交流馬達。

馬達的分類

　　本書介紹的馬達有四種：直流馬達、無刷馬達、同步馬達、感應馬達。右表 1.1 為馬達的分類，進一步分類本書所介紹的四種馬達。

　　有一類直流馬達用線圈（Coil）代替磁鐵，將線圈當作電磁鐵。

　　同步馬達也有不使用磁鐵的線圈式同步馬達，此外，還有轉子不含磁鐵與線圈的同步磁阻馬達（Synchronous Reluctance Motor）。

　　某些感應馬達也有線圈式轉子。

　　另外，還有旋轉原理和構造皆不同的步進馬達（Stepper Motor）、線性馬達等。馬達的種類真的非常多。

---

[1] IGBT 指絕緣閘雙極電晶體（Insulated Gate Bipolar Transistor），是控制電流的半導體。

表 1.1　馬達的分類

本書介紹的馬達	種類	名稱		
直流馬達	定子的種類			永磁直流馬達
		線圈式		串激直流馬達（Series DC Motor）
				分激直流馬達（Shunt DC Motor）
				複激直流馬達（Compound DC Motor）
同步馬達	轉子的種類			表面磁鐵式同步馬達（SPM）
				內置磁鐵式同步馬達（IPM）
				線圈場磁鐵同步馬達
				同步磁阻馬達
感應馬達				鼠籠式感應馬達
				線圈式感應馬達
無刷馬達				無刷馬達
	運用其他轉動原理與構造的馬達			步進馬達
				SR 馬達（切換式磁阻馬達）
				線性馬達

※灰底是本書所介紹的馬達。

常見的馬達分類方式可依電源的種類區分，但是，最近許多馬達不直接接電源，而是和驅動迴路共用，而且越來越多馬達沒有驅動迴路就沒辦法旋轉。不論電源是直流電還是交流電，驅動迴路都能轉換成馬達所需的電源，此處以電車為例，來說明驅動迴路的功能吧，請看圖 1.1。電車由上方的架空電線供給直流電，其中一條電源線接在鐵軌上。直流電經由集電弓流入電車，有些電車不轉換而直接使用，但最近許多電車會利用驅動迴路，將直流電轉換成交流電，以交流馬達驅動的電車現已越來越多。

　　依電源分類的方式，不是根據流入電源來分類，而是根據驅動馬達的電源。本書將介紹我們身邊輸出功率較小，用途廣泛的馬達，並簡要介紹馬達的原理與構造。

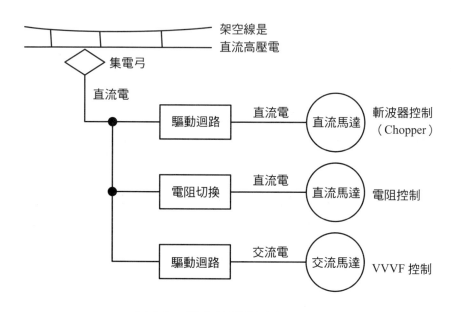

圖 1.1　電車的驅動迴路

第**2**章 什麼是馬達？

我沒想到有那麼恐怖的父親，

小子，你是哪位啊？

而且非常溺愛女兒。

沒錯，岩次郎先生非常溺愛女兒……

接近女兒的男人，他都不放過。

嗯

你如果害怕，就不要隨便接近小戀。

但是……前幾天我直接跑出來……

還沒聽完馬達的介紹。

那麼……換我來教你吧？馬達的基礎知識。

咦！你也是馬達狂熱者嗎？

我是準備繼承藥局的人……

只是從小一直被迫瞭解馬達。

通入電流，
馬達即能轉動。

馬達將「電能」
轉換成「動能」，

電能會先轉換成磁能……

再進一步轉換成動能。

但不是直接
將電能轉換成動能。

利用磁能可
從電力獲得
較多能量……

嗯？

你們在聊馬達嗎？
怎麼可以偷跑啊！

小……小戀！

電力也可以產生移動物品的能量，

例如……

摩擦塑膠墊板所產生的「靜電力」，可以吸引頭髮。

但是，若電壓超過物體的絕緣能力，靜電力的靜電能會以放電的形式，釋放能量。

打雷就是大規模的放電。

然而，磁力比電力更易於儲存能量！

磁力滿到無法再增強的狀態，稱為「磁飽和（Magnetic Saturation）」。

幾近磁飽和的磁鐵，能夠儲存的能量……

是靜電力的四十萬倍以上！

四十萬倍？

磁力……
真……真是厲害。

對啊！磁力的磁能是不容易散逸的「高密度」能量。

所以馬達才會先將一部分或全部的電能轉換成磁能，

再進一步轉換成動能。

電能 ⇒ 磁能 ⇒ 動能

咦……要怎麼將電能轉換成磁能？

你想不通這一點啊……

你……要來……

我的房間嗎？

!?

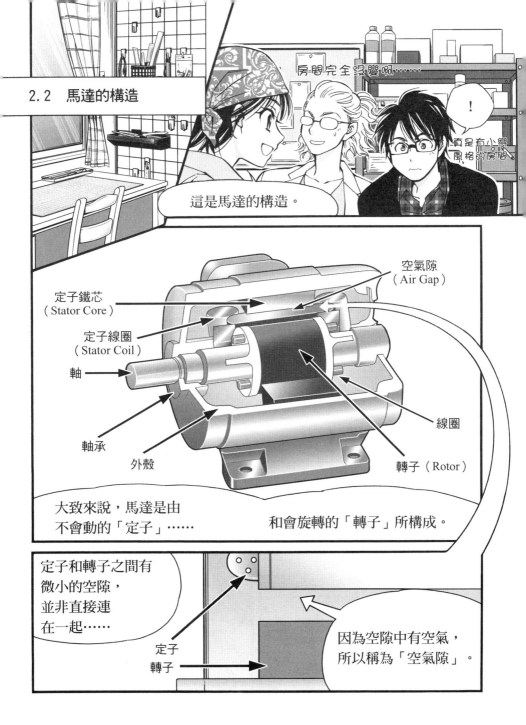

馬達除了定子和轉子，
還有其他必需零件。

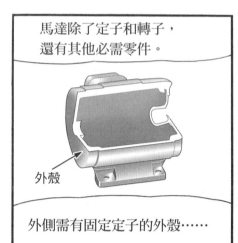

外殼

外側需有固定定子的外殼……

旋轉的轉子需要軸，
以及支撐軸的軸承。

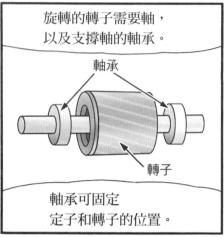

軸承

轉子

軸承可固定
定子和轉子的位置。

有些定子以
永久磁鐵組成，

馬達的定子則可用
鐵芯或線圈製作。

外殼

定子

線圈是指纏繞著鐵芯
……

通入電流的電線。

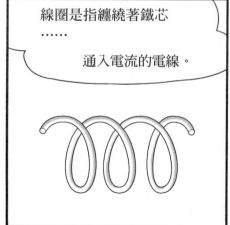

轉子也可以用磁鐵或鐵芯
加線圈做成。

磁鐵或是纏繞鐵芯的線圈……

都可以製造馬達。

2.3 馬達轉動的原理

我來說明
電力和磁力的關係吧。

電流
通入電線……

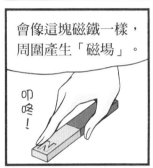

會像這塊磁鐵一樣，
周圍產生「磁場」。

叩咚！

磁場又稱為
「磁界」……

輕撒
輕撒

是指磁鐵周圍
產生「磁力」。

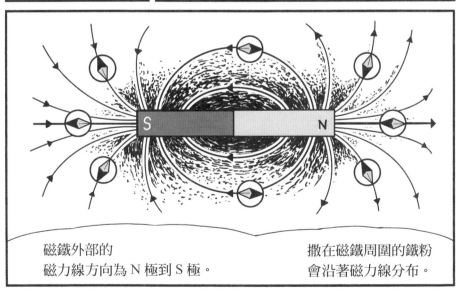

磁鐵外部的
磁力線方向為 N 極到 S 極。

撒在磁鐵周圍的鐵粉
會沿著磁力線分布。

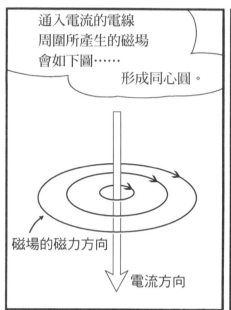

通入電流的電線周圍所產生的磁場會如下圖……形成同心圓。

磁場的磁力方向

電流方向

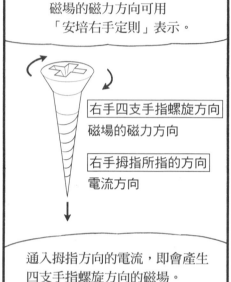

磁場的磁力方向可用「安培右手定則」表示。

右手四支手指螺旋方向
磁場的磁力方向

右手拇指所指的方向
電流方向

通入拇指方向的電流，即會產生四支手指螺旋方向的磁場。

電流的電能可轉換成磁能。

我知道磁能可移動鐵粉、羅盤，但是……

線圈不是一圈圈纏繞嗎？這樣磁場會變成什麼樣子？

呵呵，好問題……

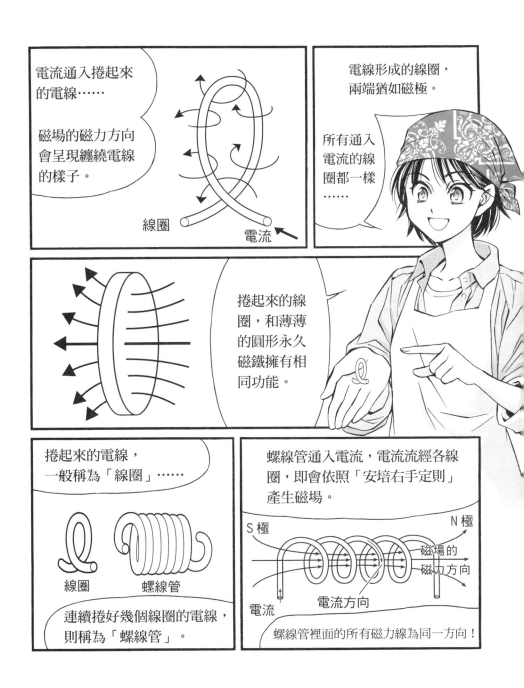

電流通入捲起來的電線……

磁場的磁力方向會呈現纏繞電線的樣子。

線圈

電流

電線形成的線圈，兩端猶如磁極。

所有通入電流的線圈都一樣……

捲起來的線圈，和薄薄的圓形永久磁鐵擁有相同功能。

捲起來的電線，一般稱為「線圈」……

線圈　　螺線管

連續捲好幾個線圈的電線，則稱為「螺線管」。

螺線管通入電流，電流流經各線圈，即會依照「安培右手定則」產生磁場。

S極

N極

磁場的磁力方向

電流　　　電流方向

螺線管裡面的所有磁力線為同一方向！

合成內部的電力線，
由外部看整個螺線管，
磁場會如左圖。

以左圖為例，
磁力線會由左側出去，
再由線圈的右側進來……

右側的磁場等於同
磁場的 N 極。

線圈通入電流，
會產生同於圓板形、
圓筒形永久磁鐵的磁場……

N 極

S 極

N 極   S 極

這就是「電磁鐵」，
馬達利用電流
產生的磁場來轉動！

48

怎麼讓馬達旋轉呢……

呵呵，好問題。

但是，磁鐵只會……

黏在一起，再分開吧？

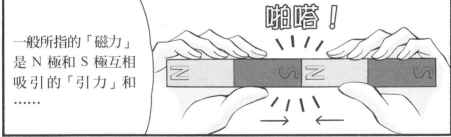

一般所指的「磁力」是 N 極和 S 極互相吸引的「引力」和……

啪嗒！

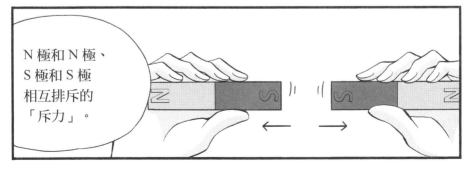

N 極和 N 極、S 極和 S 極相互排斥的「斥力」。

除了「磁力」，馬達……

還會產生「電磁力」。

電磁力？

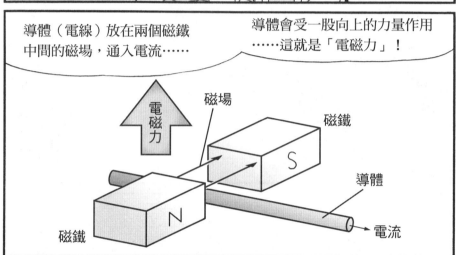

導體（電線）放在兩個磁鐵中間的磁場，通入電流……

導體會受一股向上的力量作用……這就是「電磁力」！

電磁力

磁場

磁鐵

S

導體

N

電流

磁鐵

你應該學過電磁力吧……就是這個。

一臉茫然

由電流和磁場的方向，我們可知電磁力的方向……

力 F 的方向（作用於導體的力）

這是「弗萊明（Fleming）左手定則」！

磁場 B 的方向

電流 I 的方向

50

磁場和電流的方向若為直角，在兩者的交點正上方，

會產生一股與兩者垂直，且看不見的電磁力。

不愧是我的「第一號弟子」，完美的左手定則！

啊！
所以……

馬達靠那股向上的力量而轉動嗎？

沒錯！但是……

外部的磁場

導體

其實，導體還受到其他的電磁力作用。

上圖以直線代表磁場，將導體通入電流……

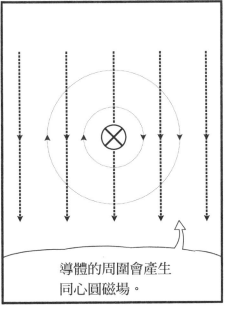

導體的周圍會產生同心圓磁場。

這可分為兩組磁場。
電流左邊的磁場，
方向相反互相抵銷；
右邊的磁場則方向相同，
強度增強。

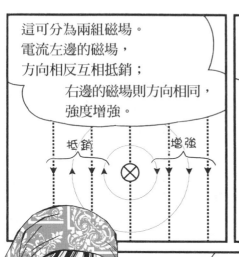

抵銷　　增強

實際的磁場分布如下圖……
向右側凸出，使右側磁力線
變得較密集。

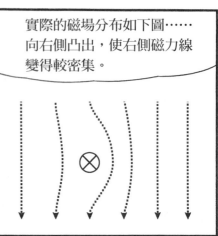

磁力線可
比喻為橡膠。

若扭曲、拉長，
會產生一股力量，
使磁力線拉直或變短。

所以，導體其實會受
向左的作用力影響。

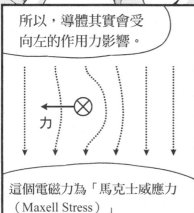

力

這個電磁力為「馬克士威應力
（Maxell Stress）」

雖然，馬達是由於
這股力量旋轉……
但你不需要深入
研究馬克士威應力。

太好了……聽起來好難。

最棒的是,
馬達能……

將電能轉換成
轉動的動能!

逆向應用電能!

逆向?

由外部轉動
馬達的旋轉軸……

馬達即會產生電流。

哇!

54

55

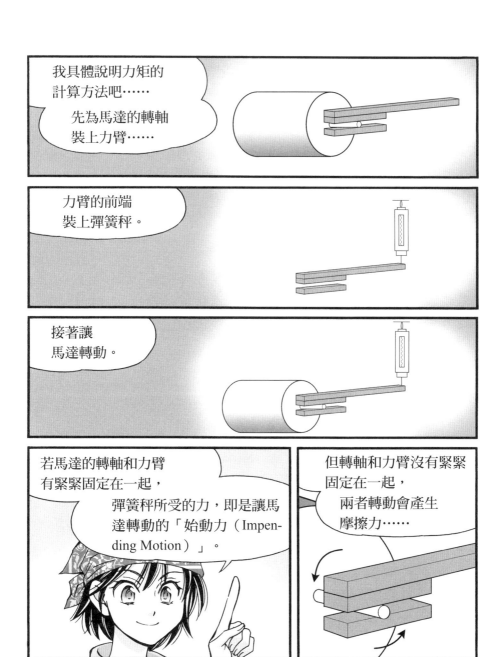

我具體說明力矩的
計算方法吧……

先為馬達的轉軸
裝上力臂……

力臂的前端
裝上彈簧秤。

接著讓
馬達轉動。

若馬達的轉軸和力臂
有緊緊固定在一起，

彈簧秤所受的力，即是讓馬
達轉動的「始動力（Impen-
ding Motion）」。

但轉軸和力臂沒有緊緊
固定在一起，
兩者轉動會產生
摩擦力……

彈簧秤會顯示
馬達旋轉所
產生的力。

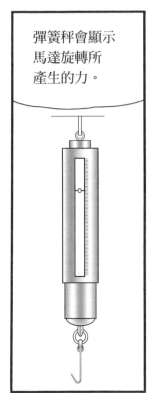

若彈簧秤的位置改
變，或是力臂的長度
改變……

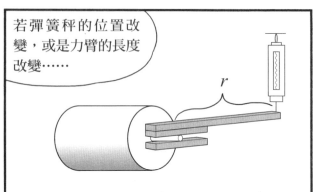

由「槓桿原理」可知，
彈簧秤顯示的數值會
和力臂的長度成反比。

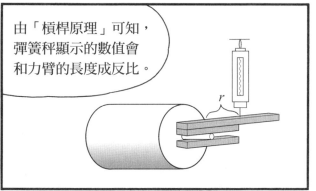

但力臂長度＝ r
乘以彈簧秤所顯示的力＝ F，
得到的數值＝ Fr，

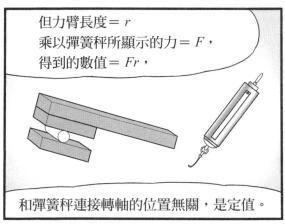

和彈簧秤連接轉軸的位置無關，是定值。

這個數值就是力矩（ Fr ）。

馬達和發電機的運
動，會以力矩表示
旋轉力。

當然，
她是我……

驚訝！

在這間電器行養大的孩子。

小戀……妳真的非常
瞭解馬達耶。

你們兩個大男人竟然
趁家長不在……

跑進女孩子
的房間！

爸爸！

你們真是大膽啊……
別以為可以安全回家喔。

喀嚓

喀嚓

喀嚓

慘了！

馬達通入電流可旋轉，但馬達旋轉不只需要電流，周圍還必須有磁場。接下來，本節將說明電磁學的知識，幫助讀者瞭解馬達的旋轉原理。

什麼是磁場？

電流的周圍會產生磁場，又稱磁界，代表周圍的空間有磁力。「場」是指物體周圍無任何實體的東西，卻會對周圍空間產生影響，例如宇宙無任何東西，月亮和太陽的引力卻會對地球產生影響，亦即地球在太陽的重力場中。物理學多稱為「場」；工學多稱為「界」。永久磁鐵的外側磁場，可想成由N極到S極的磁力線。磁鐵的周圍什麼都沒有，但這個空間卻受磁鐵的磁力影響。

電流的周圍會產生磁場，如圖 2.1，呈現同心圓。磁場的強度 H 與電流 I 成正比，但與距離 r 成反比。

$$H = \frac{I}{2\pi r}$$

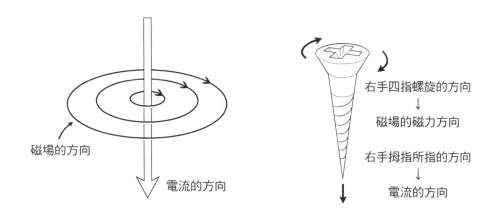

圖 2.1　電流產生的周圍磁場

　　以右手螺旋來說明磁場的方向，亦即「通入拇指所指方向的電流，會產生螺旋方向的磁場。」通入電流代表供應電能，產生磁場代表電能已轉換成磁能。

　　若通入電流的電線不是直線形，而是線圈，情況會如何呢？纏線軸（Bobbin，塑膠的捲線軸）纏上一圈圈的電線，形成螺線管。螺線管通入電流，電線的每一寸都會依照右手螺旋定則產生磁場，結合這些磁場，整個線圈即會產生圖 2.2 的磁場。如圖 2.2 所示，通入電流，磁力線會由線圈的右側出去，再進入線圈的左側，外部的磁場分布如同右側為 N 極的圓柱狀永久磁鐵，亦即螺線管通入電流會產生跟圓柱狀永久磁鐵一樣的磁場。這就是電磁鐵，以電流形成磁場。馬達不是因永久磁鐵產生磁場，也可讓線圈通入電流以產生磁場。

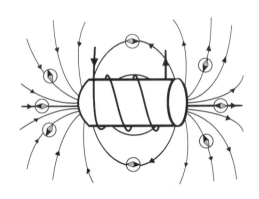

圖 2.2　線圈通入電流的磁場

馬達為什麼會旋轉？

磁鐵的 N 極和 S 極會相互吸引，稱為引力。N 極和 N 極、S 極和 S 極則有斥力。將磁鐵放入磁場，周圍會產生一股作用力。

將導體（電線）放入磁場，並通入電流，電流產生的磁場和外界本身的磁場，會交互產生作用力，作用於導體。馬達利用這股外界磁場和電流磁場交互產生的作用力來旋轉。

想要瞭解馬達旋轉的原理，必須先理解電流和磁場所產生的四個作用力。馬達基本的四個作用力中，有兩個電動勢[2]和兩個電磁力。

變壓器電動勢（Transformer Electromotive Force，亦即 Transformeremf）

線圈（導體）和磁通量[3]呈現相互交叉的狀態，稱為線圈和磁通量「交鏈（Interlinkage）」，如圖 2.3。線圈和磁通量交鏈，線圈會因為磁通量的變化，而產生感應電動勢。磁場忽大忽小使線圈產生感應電流的現象，稱為電磁感應。

2　電動勢是產生電流的驅動力。
3　磁通量是表示磁場強度與方向的磁力線束。

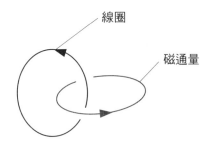

圖 2.3　線圈和磁通量交鏈

線圈經由電磁感應產生的電動勢，稱為感應電動勢。感應電動勢的大小和磁通量的變化速率成正比，稱為法拉第定律（Faraday Law）。我們可計算與線圈交鏈的磁通量 ψ [Wb] 在時間 t [s] 內，因電磁感應所產生的感應電動勢 e [V] ，數學式如下：

$$e = -\frac{d\psi}{dt} \qquad [\text{V}]$$

此數學式表示單位時間內的磁通量變化對時間做微分，分子是磁通量的變化量，分母是變化所需的時間。另外，感應電動勢有負號，表示感應電動勢產生的電流方向，會相反於磁通量變化的方向。

線圈用銅等導體做成，導體產生感應電動勢，線圈內部也會產生感應電流。若導體不是線圈或銅線，而是金屬板，此時電流會在金屬板的某處產生漩渦（圖 2.4），漩渦的位置不固定，稱為渦電流。

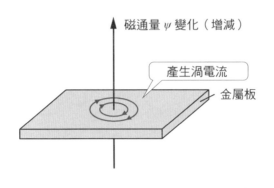

圖 2.4　渦電流

　　交流電的大小和方向一直在變化，所產生的磁通量大小和方向也一直在變化。磁通量和通入交流電的導體交鏈，會因為電磁感應而產生感應電動勢。變壓器（Transformer）利用交流電的感應電動勢，改變電壓、電流，這種感應電動勢稱為變壓器電動勢（日文為变圧器起電力）。

速率電動勢（Speed Electromotive Force）

　　此外，還有一種導體在磁場中移動所產生的電動勢，稱為速率電動勢。速率電動勢加入磁通量密度的概念。磁通量密度表示 $1m^2$ 的截面有多少磁通量 [Wb]，單位是特士拉（Tesla）[T]。長度 ℓ [m] 的導體在磁通量密度為 B [T] 的磁場中，沿著垂直於磁通量的方向，以速率 v [m/s] 移動，使導體感應出電動勢。此電動勢的大小為 e [V]，計算的數學式如下：

$$e = B \cdot \ell \cdot v \qquad [V]$$

感應電動勢 e 的大小和導體的運動速率 v 成正比。

　　電動勢的方向依據弗萊明右手定則，右手的拇指、食指、中指張開，拇指與食指相互垂直，拇指表示導體運動的方向，食指表示磁通量（磁場）的方向，而中指的方向是感應電動勢的方向。

　　導體經由運動而感應到的電動勢大小，和導體的運動速率成正比，因此稱為速率電動勢。

電磁力

在磁場中的導體通入電流，導體會受一股電磁力作用。令磁場的磁通量密度為 B [T]，電流為 I [A]，則此電磁力 F 如下：

$$F = B \cdot I \cdot \ell \quad [\text{N}]$$

電磁力的方向依據弗萊明左手定則，左手的拇指、食指、中指張開，拇指與食指相互垂直，食指表示磁場的方向，中指表示電流的方向，而拇指的方向是電磁力的受力方向。導體所受的這股力是由電流和磁場所產生的，所以稱為電磁力。

馬克士威應力（Maxwell Stress）

此外，磁場偏曲（分布）所產生的力，稱為馬克士威應力。如圖 2.5，磁場的方向由上到下，電流則產生右手四指螺旋方向的同心圓磁場。電流左側的磁力線方向兩兩相反，相互抵銷；電流右側的磁力線方向兩兩相同，強度增強。因此，結合兩個磁場的磁力線分布，如圖 2.5(b)所示，右側磁力線凸出變得較密集。磁力線可以想像成橡膠，在這樣的狀態下，磁力線會產生一股緊繃的力量，要把磁力線拉直，即為馬克士威應力。導體因為馬克士威應力，而承受一股向左的作用力。

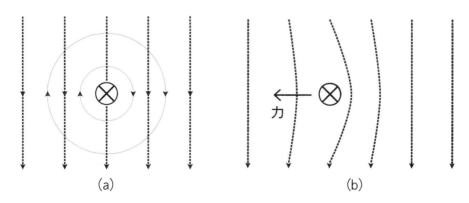

圖 2.5 馬克士威應力

馬達的線圈（導體）裝在鐵芯（磁性物質製成的磁通量通道）內，而鐵芯內部因馬克士威應力，承受一股作用力。另一方面，鐵比空氣更易於導磁，導磁能力比空氣約大一百倍以上，所以磁通量直接通入鐵芯的內部[4]，導體幾乎不會受到力的作用，且會產生一股電磁力，稱為電磁轉矩，又稱為鐵芯轉矩。最近馬達的形狀複雜，大多是為了使馬達易於產生轉矩，藉由增加電磁轉矩，提高馬達的性能。

◉ 轉矩的計算

　　馬達是用來轉動連結於轉軸的機械，馬達進行的是轉動運動。因此我們要討論旋轉力，亦即轉動馬達的作用力——轉矩。

　　在第 58 頁，我們用彈簧秤測量轉矩似乎很簡單。但力臂的長度改變，或彈簧秤的位置改變，測得的數值便會不一樣。由槓桿原理可知，力臂的長度和彈簧秤顯示的數值成反比。而力臂的長度 r [m] 和彈簧秤數值 F [kg] 的乘積 Fr 為固定值，即為轉矩。轉矩在重力單位制（Gravitational Unit System）的單位是公斤・公尺 [kg m]，但一般都用SI單位制的轉矩單位：牛頓・公尺 [Nm]。

　　1 [Nm] 的轉矩表示 1[N] 的力作用於長度 $r = 1$[m] 的力臂。1 [kg m] 的轉矩表示 1 [kgf] 的力作用於長度 $r = 1$[m] 的力臂。轉矩 [kg m] 在這兩個單位系統的轉換如下：

$$1[\text{kg m}] = 9.8[\text{Nm}]$$

　　即使不實際裝力臂，我們也可經由計算求得轉矩。只要知道馬達輸出功率和轉速，即可推算轉矩。

4　導磁通性的好壞可由常數導磁率 μ 得知。

假設轉軸被轉矩 T [N m] 旋轉一圈：

- 此時，力臂長度 1 [m] 的位置受 T [N] 的力作用，在半徑為 1[m]的圓周上，移動 $2\pi \times 1$ [m] 的距離。
- 旋轉一圈所作的功為 $2\pi \times T$ [J]。計算方式與直線運動相同，功 = 力×距離。
- 馬達每分鐘轉 n 圈，轉速即為 n[min^{-1}][5]，代表馬達一秒轉 $\dfrac{n}{60}$ 圈。
- 亦即每秒移動的距離為 $\dfrac{n}{60} \times 2\pi$ [m]。
- 平均每秒作的功即為功率 [J/s]，若單位為 [W]，則用以表示輸出和運動的功率。計算輸出功率 P_0[W] 的數學式如下：

$$P_o = \frac{2\pi}{60} \cdot T \cdot n[\text{J/s}] = 0.1047T \cdot n[\text{W}]$$

設馬達的輸出功率為 P_0[W]，轉速為 n[rpm]，則計算馬達轉矩 T 的數學式如下：

$$T = \frac{P_o}{0.1047n} \qquad [\text{Nm}]$$

馬達轉速於 SI 單位制的單位是角速度 ω[rad/sec]。此時，不用換算單位，可以直接計算：

$$P_o = T \cdot \omega \qquad [\text{W}] = [\text{Nm}][\text{rad/sec}]$$

---

5 [min^{-1}]：馬達每分鐘的旋轉次數，以前是用 [rpm] Revolution per minute 為單位。

第 **3** 章　直流馬達

3.1 直流馬達的原理

是我讓他們進來的！

因為讓他們知道馬達的厲害……

他們便會對家電產生興趣吧！

他們只是客人和鄰居……
我們之間沒有其他關係！

小戀……

……

不……不用把話說得這麼死吧……

咦？

痛

熱淚！

哭！

對不起……都是我沒出息！

最近因為商店街
太老舊……
幾乎沒有客人！

所以我沒有辦法好好接待你們
……抱歉！請原諒我！

喂，你們……
如果覺得我女兒很可憐，
就快點買東西啊！

咦？

但是……我是商店街的人……

不好意思……我本來就是要來買家電……

什麼？是這樣啊！

修！你要負起責任啊！互通有無才能促進經濟發展！

好！我親自服務你……

這個直流馬達……用電池的直流電源驅動！

是世界上最常見的馬達！

這樣啊……

這是小戀之前提到的其中一種馬達啊……

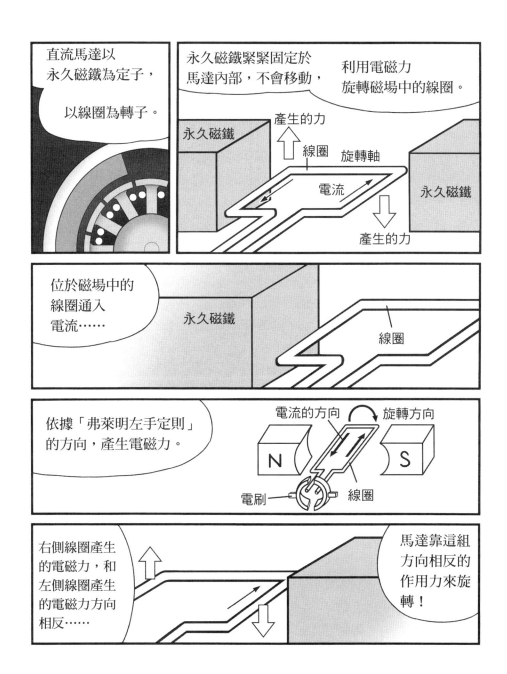

照理來說，當線圈旋轉到平行於
磁鐵的 N 極和 S 極（亦即 N 極與 S 極
的磁力交界處），即沒辦法繼續旋轉。

停下！

但線圈會依慣性繼續旋轉，直到
線圈左右翻轉，接觸到不同側的
電刷，切換電流方向……

使馬達有辦法以同一
方向繼續旋轉……

這就是
直流馬達的
旋轉原理！

但是……

如何能頻繁地切換電流方向呢？

呵呵，好問題……

我們需要「電刷」和
「整流子」！

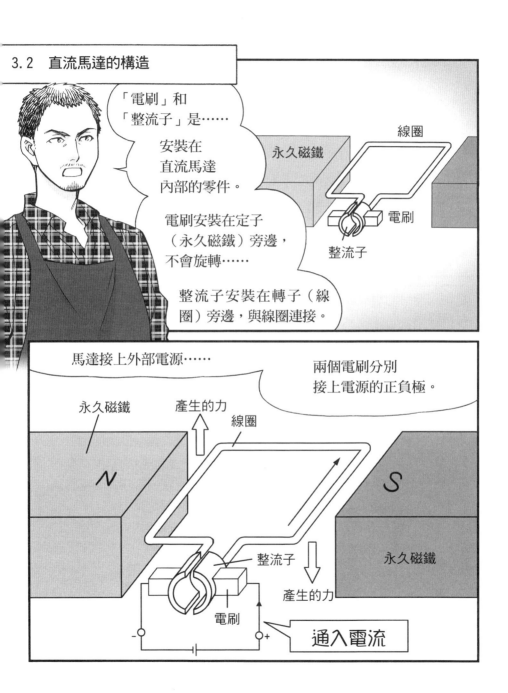

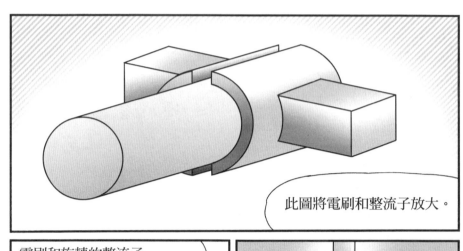

此圖將電刷和整流子放大。

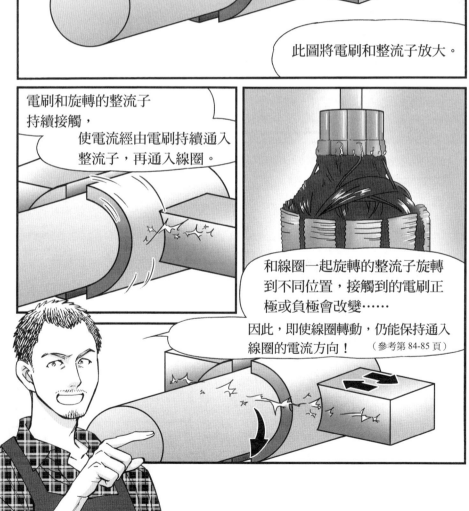

電刷和旋轉的整流子
持續接觸，
　　使電流經由電刷持續通入
整流子，再通入線圈。

和線圈一起旋轉的整流子旋轉
到不同位置，接觸到的電刷正
極或負極會改變……

因此，即使線圈轉動，仍能保持通入
線圈的電流方向！（參考第 84-85 頁）

直流馬達為了讓兩側整流子接觸到不同的正負極，以保持電流方向，

電刷會通入電流，且不斷和整流子接觸……

有時甚至擦出火花……

頻繁的摩擦會耗損電刷的「壽命」。

電刷是直流馬達的一大缺點。

嗯嗯

但直流馬達還是有個終極武器……

至今仍被廣泛使用。

武器？

直流馬達的旋轉，
等於線圈的旋轉。

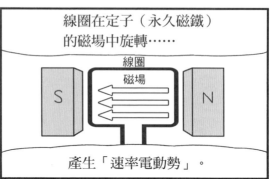

線圈在定子（永久磁鐵）
的磁場中旋轉……

線圈
磁場

S　　　　N

產生「速率電動勢」。

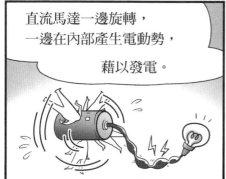

直流馬達一邊旋轉，
一邊在內部產生電動勢，

藉以發電。

旋轉產生的電動勢，稱為
「感應電動勢（E）」……

E

和轉速成正比。

此圖為
接在馬達兩端的
外部電壓（V），

外部的電壓 V

電流 $I = \dfrac{V - E}{R}$

R 表示
線圈的電阻！

線圈的電阻 R

和通入
電流（I）的關係。

$+$

V　　V 大於 E

$-$

$+$
E
$-$

80

固定外部的
端電壓 V……

轉矩和轉速的關係會呈現
往右下傾斜的直線。

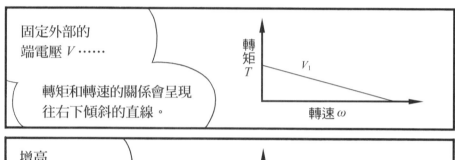

增高
端電壓……

這條斜直線會
往上平行移動。

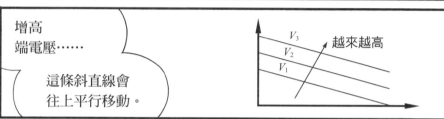

增大電壓，直流馬達

即能高速旋轉、
產生大轉矩！

控制直流馬達的輸入電壓……

即能控制
轉矩和轉速。

原來如此……

喂，小戀！
別中途
插進來啦～

抱歉，
我忍不住
插嘴……

真是的……講到直流馬達，妳就變得很「直流」，這麼直接。

因為我是你的小孩嘛。

而我的母親總是顧慮身邊的人，

但她很早就離開……

唉，連「直流」馬達……

也有像無刷馬達一樣，能長久使用的馬達啊。

無刷？

這樣啊……

呀──！！

碰──！！

小戀的母親已經……

！！

第 3 章　補　充

🔧 直流馬達為什麼會旋轉？

依機械功能區分，馬達的零件可分為轉子（Rotor）和定子（Stator）。轉子為旋轉的部分；定子為靜止的部分。直流馬達的轉子，功能等於電樞（Armature）；定子功能等於場磁鐵。如圖 3.1 所示，外側產生磁通量的永久磁鐵即為場磁鐵，可產生磁場。在中間旋轉的線圈為電樞，可將電能轉換成旋轉的動能。

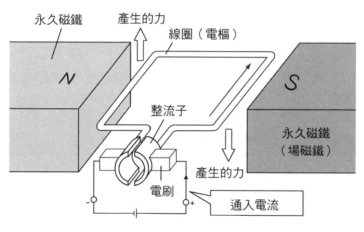

圖 3.1　直流馬達的原理

直流馬達的旋轉原理，可以用弗萊明定則說明。位於場磁鐵磁場中的線圈（電樞）通入電流，依據弗萊明左手定則，線圈的右側和左側會產生方向相反的力，形成一股旋轉的力量。

藉由整流子和電刷，線圈能夠切換電流方向，電刷和整流子的放大圖可參考第 76 頁。整流子和電刷持續接觸，但電刷固定於定子，不會跟著線圈旋轉。兩側電刷分別接上直流電源的正極與負極。整流子安裝在轉子上，

跟著線圈旋轉。兩側整流子接於線圈，電流經由電刷與整流子流入線圈。線圈旋轉時，整流子能在兩側電刷間切換，使線圈能根據轉到的不同位置，和不同正負極的電刷接觸。因此，雖然線圈一直旋轉，線圈內的電流方向也能保持相同。不論線圈轉到哪個位置，都會產生方向同於圖 3.1 的旋轉力。

此外，圖 3.1 是用一組線圈來說明馬達旋轉的原理，但實際的直流馬達內部有三組以上的線圈，整流子也會依據線圈的組數分割。圖 3.2 表示九組電樞（線圈）和分割的整流子。電刷和整流子的功能，在第 4 章介紹的無刷馬達將詳細說明。

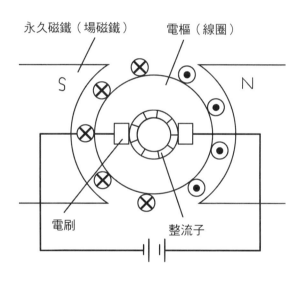

圖 3.2　整流子和電刷

馬達旋轉，電刷和整流子會持續接觸，而漸漸磨損，甚至會產生火花，加速損傷內部零件。因此，電刷一般會使用較柔軟的材料製作，讓磨損集中在電刷上，而不傷到整流子，因為定子上的電刷比較容易更換，而大型的直流馬達都會定期更換電刷。

🔘 轉矩常數與電動勢常數

直流馬達的旋轉原理，能用弗萊明左手定則說明。將弗萊明左手定則寫成數學式，即為電磁力的運算式。令磁場的磁通量為 B[T]，電流為 I[A]，則線圈所受的電磁力 F [N] 如下：

$$F = B \cdot I \cdot \ell$$

因為場磁鐵是永久磁鐵，所以磁通量密度 B 為定值，導體長度 ℓ 由馬達的形狀決定。確定馬達的構造，這兩項數值即是定值。電磁力和電流 I 成正比，產生的力（轉矩）和電流成正比。此時，令比例常數為 K_T，轉矩如下：

$$T = K_T \cdot I$$

常數 k_T 稱為轉矩常數，數值根據馬達的構造和構成方式來決定，單位為 [Nm/A]。

轉子的線圈旋轉，亦即導體在永久磁鐵的磁場中運動，根據弗萊明右手定則，線圈會產生電動勢而發電。直流馬達由外部通入電流，使線圈轉動，線圈也會發電。

將弗萊明右手定則寫成數學式，則速率電動勢如下：

$$e = B \cdot \ell \cdot v$$

磁通量密度 B 和導體的長度 ℓ，由馬達的構造、組成方式決定，也就是說，運動產生的電動勢 e 和導體的速率成正比。導體的速率是馬達的轉速，所以旋轉產生的電動勢和轉速成正比。此時，令比例常數為 K_E，電動勢的算式如下：

$$E = K_E \cdot \omega$$

常數 K_E 又稱為電動勢常數，數值由馬達的構造、組成方式決定，單位是 [V$_s$/rad]。而這個算式的轉速以 ω[rad/s] 來表示。

馬達旋轉所產生的電動勢方向，和使馬達旋轉的電流方向相反。這個電動勢的作用是在抵抗電流的增加，這代表產生的電動勢和外部電壓的方向會相反。因此，速率電動勢又可稱為反電動勢（Counter Electromotive Force）。

直流馬達的 K_T 和 K_E 有所關聯，其中一個數值固定，另一個數值也會固定。在SI單位制下，兩個比例常數的數值相同。

$$K_T[\text{Nm/A}] = K_E[\text{V s/rad}]$$

因此，市售馬達的商品目錄，僅標示其中一個數值，轉矩常數、電動勢常數是表示馬達性能的重要數值。

🔧 直流馬達的等效電路與控制方法

以場磁鐵作為永久磁鐵的直流馬達，電力的特性如圖 3.3 所示，稱為等效電路。這裡的 R 表示線圈的電阻。

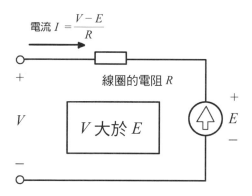

電流 $I = \dfrac{V - E}{R}$

線圈的電阻 R

V 大於 E

圖 3.3　永久磁鐵直流馬達的等效電路

我們可由等效電路列出電壓方程式。此電壓方程式包含，來自馬達外部的端電壓 V、電流 I 以及等效電路的常數。

$$V = RI + E = RI + K_E\omega$$

將上一頁的算式移項，即可得到電流的算式：

$$I = \frac{V - K_E \omega}{R}$$

代入轉矩：

$$T = K_T \cdot I = \frac{K_T}{R}(V - K_E \omega)$$

此式中，轉矩和轉速的關係，如下圖 3.4 所示：

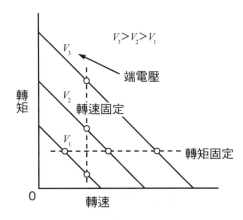

圖 3.4　永久磁鐵直流馬達的轉速與轉矩的特性

　　此圖的含義為，當馬達的端電壓 V 為定值，轉矩和轉速的關係將呈現往右下傾斜的直線。轉矩變小，轉速則變快。慢慢提高電壓 $V_1 \rightarrow V_2 \rightarrow V_3$，則往右下傾斜的直線會平行移動，亦即，提高電源的電壓，馬達即能高速旋轉，轉矩也會變大。

　　由圖可知，轉矩為定值的「電壓、轉速關係線的交點」，以及轉速為定值的「電壓、轉矩關係線的交點」，會隨著電壓的變化移動位置。所以，調整直流馬達的電壓即可控制轉矩、轉速，因此，此種馬達一直被廣泛使用。

第 **4** 章 無刷馬達

啊,那個電視節目啊……

我是機械迷。

小戀小姐……

這個小鎮……

應該要像無刷馬達一樣「進化」。

咦?

像無刷馬達一樣?

直流馬達雖然可以用電刷和整流子,

控制線圈內的電流方向,但……

為了持續旋轉，必須一直相互摩擦。

電刷因此磨損，碎片會掉在馬達內……

若接觸不良，還會產生火花。

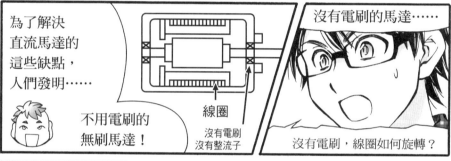

為了解決直流馬達的這些缺點，人們發明……

不用電刷的無刷馬達！

線圈

沒有電刷
沒有整流子

沒有電刷的馬達……

沒有電刷，線圈如何旋轉？

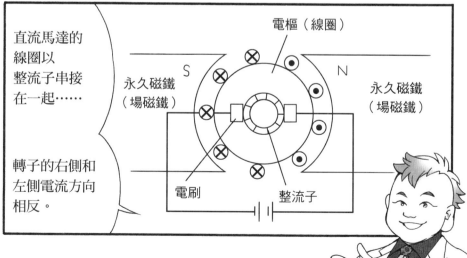

直流馬達的線圈以整流子串接在一起……

轉子的右側和左側電流方向相反。

電樞（線圈）

S　　　N

永久磁鐵（場磁鐵）

永久磁鐵（場磁鐵）

電刷

整流子

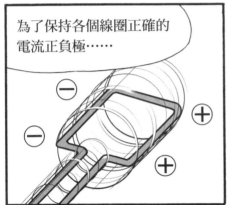

為了保持各個線圈正確的電流正負極……

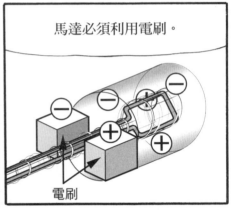

馬達必須利用電刷。

電刷

直流馬達的電流由正極的電刷通入……

分成兩道電流通入轉子，再匯集到負極的電刷！

將電流的方向圖像化即如下圖。

1 到 6 是整流子嗎？

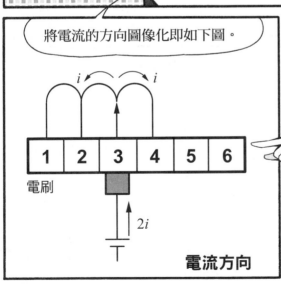

i　　i

| 1 | 2 | 3 | 4 | 5 | 6 |

電刷

$2i$

電流方向

沒錯，實際上的馬達是由多個整流子構成圓弧形，但為了方便理解，此圖畫成直線形。

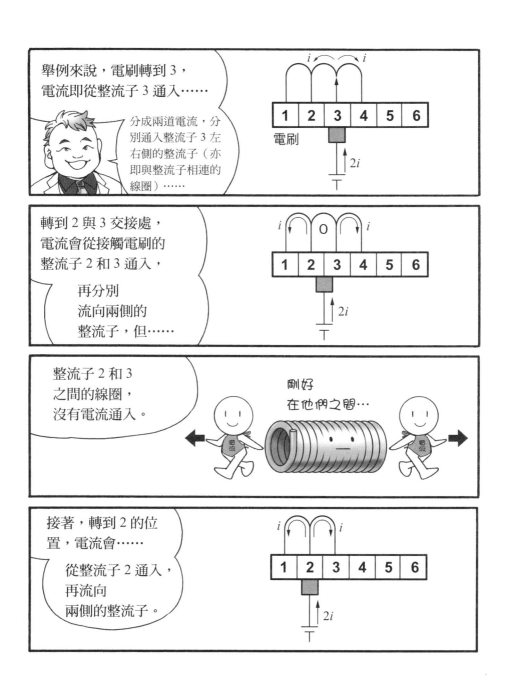

亦即，整流子 2 和 3
之間的線圈……

電流方向依序是
「向左→零→向右」。

向左　　　　　　　　　　向右

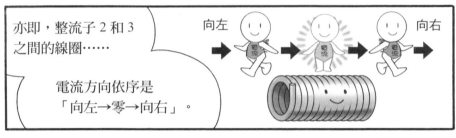

線圈正確連接，
電刷便能讓……

在永久磁鐵磁極下的
電流方向一直保持
同一方向……

剖面圖

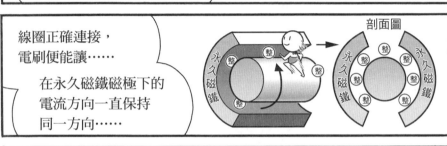

產生的轉矩
也是相同方向。

轉矩

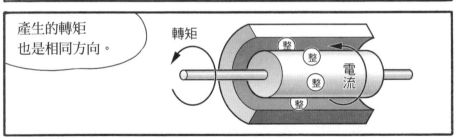

而無刷馬達

將這樣的電刷換成……

「電流切換裝置」，
廣泛運用於各領域！

電流切換裝置？

讓我
金丸福輔……

來說明無刷馬達
的原理吧。

無刷馬達將直
流馬達的線圈
固定於定子，

無法旋轉。
另一方面……

線圈受的力

永久磁鐵
受的力

N

S

永久磁鐵受的力

旋轉軸

線圈受的力

永久磁鐵（轉子）旋轉

永久磁鐵能夠旋轉。

喔！
我們會動耶！

在這樣的狀態下，通入電流，
線圈會受作用力作用。

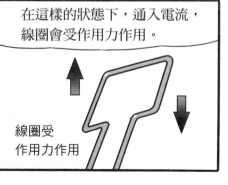

線圈受
作用力作用

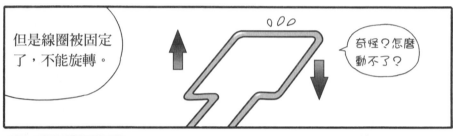

但是線圈被固定了，不能旋轉。

奇怪？怎麼動不了？

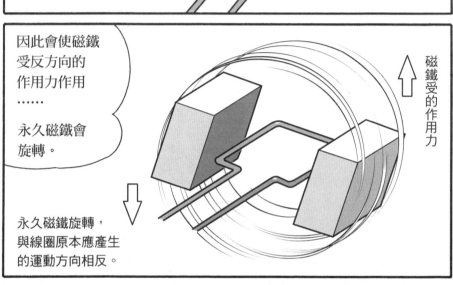

因此會使磁鐵受反方向的作用力作用……

永久磁鐵會旋轉。

永久磁鐵旋轉，與線圈原本應產生的運動方向相反。

磁鐵受的作用力

無刷馬達是，以這種方式旋轉磁鐵的直流馬達。

雖然「旋轉的物體」不一樣，但運作的原理和直流馬達相同。

原來如此……

……

轉子為永久磁鐵的無刷馬達,構造如右圖。

線圈1

線圈2

永久磁鐵(場磁鐵)

若電流方向如上圖所示,線圈1的磁極會變成N極,

與永久磁鐵的N極互斥;與S極相吸……

產生箭頭方向的作用力。

與永久磁鐵的N極互斥

如此一來,轉子的永久磁鐵會逆時針回轉。

旋轉!

磁鐵S極的中心通過線圈1的磁極……

停止!

若不改變電流方向,便無法繼續旋轉。

此時出場的是……

「電流切換裝置」！

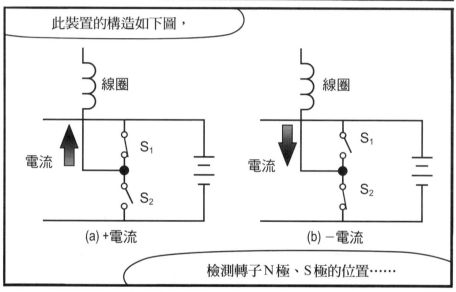

此裝置的構造如下圖，

線圈

電流

S₁

S₂

(a) +電流

線圈

電流

S₁

S₂

(b) −電流

檢測轉子N極、S極的位置……

磁鐵S極的中心通過線圈1的磁極時，切換開關ON和OFF。

ON

切換

OFF

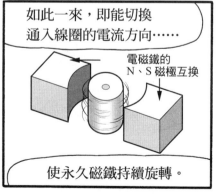

如此一來，即能切換通入線圈的電流方向……

電磁鐵的N、S磁極互換

使永久磁鐵持續旋轉。

以轉子（永久磁鐵）的磁性切換電流⋯⋯

即不需要用以切換電流方向的電刷和整流子。

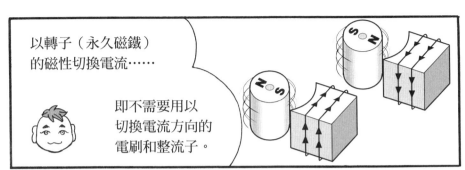

以電晶體製作切換開關⋯⋯

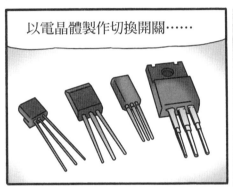

以「磁極感測器（Magnetic Sensor）」檢測永久磁鐵的磁極位置。

磁極感測器

無刷馬達

由電流切換裝置和磁極感測器組成一個系統。

直流電輸入

電流切換裝置

構成一個系統

磁極感測器

線圈

無刷馬達產生轉矩的原理和直流馬達一樣！

也可稱為「無刷直流馬達」……

但它輸出功率的系統是全新的！

所以……這個小鎮也應該去蕪存菁。

!!

去除沒有用的部分！若非如此……

這裡只會一直沒落下去！

……！

4.3 無刷馬達的構造

你們……

出現！

只是想買下整個商店街來炒地皮！

爸爸！

小岩！

有岩次郎出馬，就不用怕了！

別想利用馬達，來打我們的歪主意……

無刷也好，直流也罷，都是馬達啊！

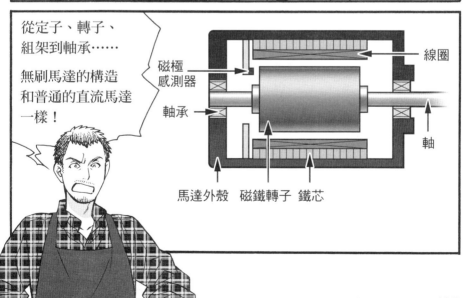

從定子、轉子、組架到軸承……

無刷馬達的構造和普通的直流馬達一樣！

線圈

磁極感測器

軸承

軸

馬達外殼　磁鐵轉子　鐵芯

但這裡的
磁極感測器是
最新技術啊……

不要注意這麼小的地方！
你找碴嗎？

找碴的是小岩吧……

無刷馬達的效果更好喔，
這是剖面圖……

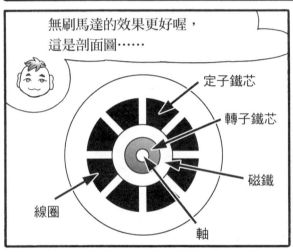

定子鐵芯

轉子鐵芯

磁鐵

線圈

軸

定子的鐵芯有稱為
「槽（Slot）」的溝槽
……

線圈裝在這個槽中。

線圈大多纏捲於相鄰的槽之間……

這種纏繞方式稱為「集中繞組
（Concentrated Winding）」。

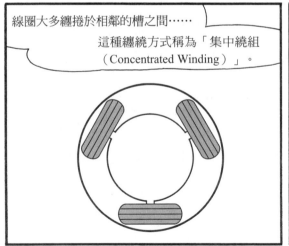

轉子的表面有永久磁鐵
……

軸

N

S

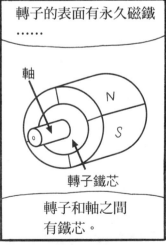

轉子鐵芯

轉子和軸之間
有鐵芯。

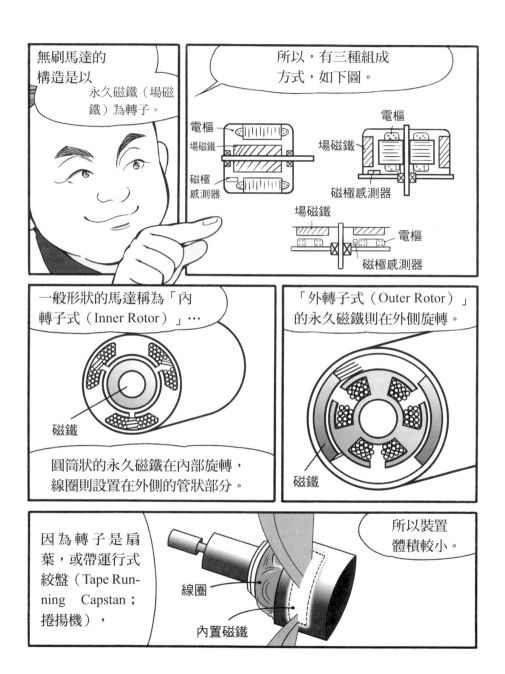

無刷馬達的構造是以

永久磁鐵（場磁鐵）為轉子。

所以，有三種組成方式，如下圖。

電樞
場磁鐵
磁極感測器

電樞
場磁鐵
磁極感測器

場磁鐵
電樞
磁極感測器

一般形狀的馬達稱為「內轉子式（Inner Rotor）」…

磁鐵

圓筒狀的永久磁鐵在內部旋轉，線圈則設置在外側的管狀部分。

「外轉子式（Outer Rotor）」的永久磁鐵則在外側旋轉。

磁鐵

因為轉子是扇葉，或帶運行式絞盤（Tape Running Capstan；捲揚機），

線圈

內置磁鐵

所以裝置體積較小。

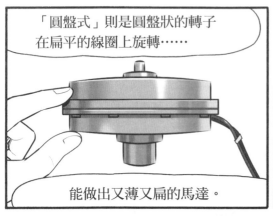

「圓盤式」則是圓盤狀的轉子
在扁平的線圈上旋轉⋯⋯

能做出又薄又扁的馬達。

是音響、視訊產品
經常使用的馬達。

換成可簡單切換
電流磁極的控制
裝置⋯⋯

能讓馬達改變形狀，
大幅進化。

你們要不要和我們合作⋯⋯
讓這個小鎮跟馬達一樣進化呢？

⋯⋯！

電刷的功用

　　無刷馬達是拿掉電刷的直流馬達。前文已介紹電刷的構造，此節將說明電刷的功能。

　　整流子和電刷接觸，一邊相互摩擦，一邊旋轉。隨著整流子的旋轉，接觸電刷的整流子一個接一個地切換。圖4.1 將旋轉的整流子畫成直線形的示意圖，整流子的旋轉方向是由左向右。圖(a)的電刷和整流子 3 接觸，從電刷通入的電流，分別流向兩側的整流子（亦即與整流子相連的線圈）。此時，整流子 3 和 2 之間的線圈$_{2-3}$，內部的電流向左流動。當整流子轉動到(b)的位置，電流會經由整流子 2 和 3，分別流向兩側的線圈，此時，線圈$_{2-3}$內部的電流變成零。當整流子轉動到(c)位置，電刷和整流子 2 接觸，線圈$_{2-3}$內部的電流向右流動。

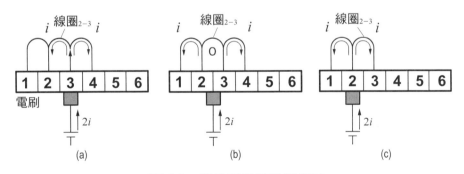

圖 4.1　整流子的轉動與電流

　　當整流子由(a)位置轉動到(c)位置，各線圈內部的電流方向即會反轉，由此通入線圈的電流相當於方向會反轉的交流電。而這個線圈的正負極持續切換的交流電，經由電刷和整流子，轉換成直流電的過程，稱為整流。因為發電機的發明早於馬達，所以馬達的各零件都是以發電機的功用來命名。

無刷馬達為什麼會旋轉？

　　本節對照直流馬達來說明無刷馬達的原理。圖 4.2 表示無刷馬達的基本原理。無刷馬達的轉子是永久磁鐵（場磁鐵），這是它和直流馬達最大的相異。下圖有兩組線圈，將電流通入電樞（線圈 1、2）。

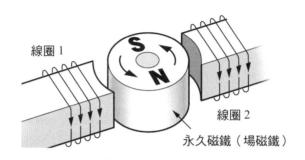

圖 4.2　無刷馬達的原理

　　此時，線圈 1 的內側變成 N 磁極；線圈 2 變成 S 磁極，各自和轉子相吸、互斥，產生逆時針旋轉力。

　　磁鐵旋轉，它的磁極 N、S 會跟著移動。當線圈 1 的正面遇到轉子的 S 磁極，吸引力會讓轉子停下來。因此，各個線圈必須根據磁鐵的旋轉來切換電流方向，若沒有隨著轉子的 N、S 磁極切換電流方向，轉子將無法持續旋轉。所以說，為了讓無刷馬達持續旋轉，根據接近線圈的是轉子 N 磁極或 S 磁極，來切換對應的電流方向是必要的。

一個開關切換電刷

　　直流馬達內部的電刷、整流子、線圈的配線方式如圖4.3所示，有三組電樞線圈，整流子將圓分成三等分。雖然圖4.3將兩個電刷畫在整流子的內側，但其實是在外側。兩個電刷各自接上電源的正負極。整流子②和其中一個電刷接觸，另一個電刷和整流子①、③接觸。假設和整流子②接觸的電刷接上電源正極，電流會從整流子②通入線圈，分別流向整流子①和③，最後流入另一邊的電刷。①與③之間的線圈沒有電流通過。

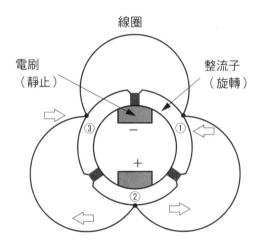

圖 4.3　電刷、整流子與線圈的關係

　　上述是整流子②連接電源正極的情況，電路如圖 4.4(a)所示。以圖 4.4(b)所示的電路切換開關，即可反轉整流子②的電流方向。切換開關S_1、S_2，轉變 ON、OFF 狀態，我們就能切換通入線圈的電流方向。(a)是線圈接上電源正極，電流通入線圈的情況；(b)是線圈接上電源負極，電流流出線圈的情況。經由上述的操作方式，我們能夠根據轉子永久磁鐵N、S磁極的位置，切換線圈內的電流方向。也就是說，電刷和整流子的整流功能可以利用開關來完成。實際的驅動迴路不會使用開關，而是用電晶體等半導體來切換ON、OFF 狀態。

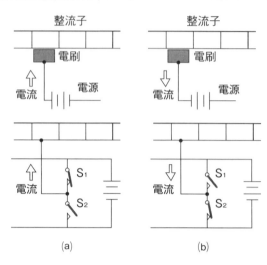

圖 4.4　電刷和整流子轉換成開關的電路

若驅動迴路沒有代替電刷和整流子的開關，無刷馬達即無法旋轉。

無刷馬達的感測器

無刷馬達是根據接近線圈的永久磁鐵 N 極或 S 磁極來切換電流方向，因此，檢測磁極的感測器是不可或缺的零件。下文將說明磁極的檢測方法。

①利用磁力感測器

檢驗磁力的感測器可由旋轉的磁通量等變化，檢測出 N、S 磁極。最常見的磁力感測器是霍爾效應感測器（Hall effect sensor）。將霍爾效應感測器通入電流，機器會根據磁場的大小、磁性，檢測出電流的變化。

②利用光學

我們也可以利用光來檢測磁鐵的位置。為轉子安裝遮光板，再讓轉子旋轉，此時，由發光元件和受光元件組成的光遮斷器（Photo Interrupter），可檢測有無障礙物，利用光的有無，切換輸出訊號的 ON、OFF 狀態。另外，也有反射式的光遮斷器，內部沒有遮光板，利用有無反射來切換輸出

訊號的ON、OFF狀態。不管是哪種光遮斷器，都可檢測指定的位置有無物體通過。光遮斷器的原理如圖4.5所示，此方法的優點是原理單純，而且成本低廉。

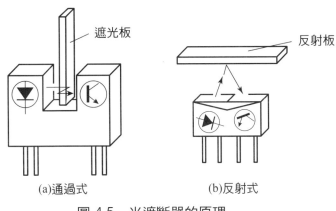

(a)通過式　　　　　　　　　　(b)反射式

圖 4.5　光遮斷器的原理

　　若需要許多感測器，可以將之安裝在轉子的前端附近。圖4.6的剖面圖即將感測器裝在旋轉軸的另一邊。若感測器能夠測出磁鐵的位置，線圈即能根據磁鐵磁極的變化切換電流方向。實際的做法可用圖4.7的無刷馬達來說明。

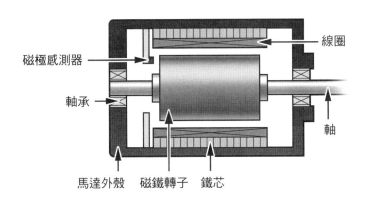

圖 4.6　無刷馬達的剖面圖

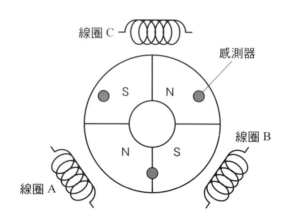

圖 4.7　三相四極馬達的感測器配置

　　此圖馬達的轉子有四極,圓依照磁極N、S、N、S分成四等分,極數必定是偶數。此圖馬達的定子有三組線圈。磁極感測器對應線圈的位置,一般會設置在線圈與線圈之間。現在,假設感測器是霍爾效應感測器,則時間圖如圖 4.8 所示。當感測器 B 的輸出從負變成正(零交叉 Zero Cross-ing),線圈 B 通入正電流,此電流會在感測器 C 零交叉時被截斷。當感測器B的訊號由正變成負,線圈B通入負電流,此電流會在感測器C零交叉時被截斷。

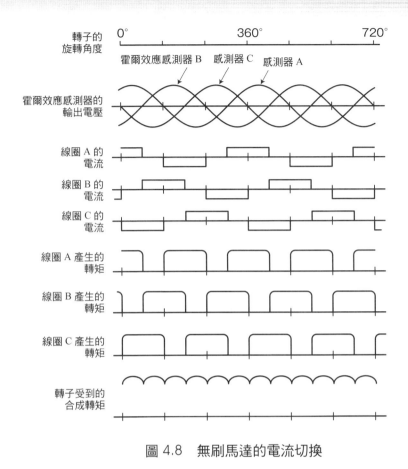

圖 4.8　無刷馬達的電流切換

　　利用此方式切換電流，各線圈通入電流會產生轉矩，合成的轉矩即為馬達產生的轉矩。因為電流會稍微延遲，所以電流切換的時候，轉矩會降低一點點，一次旋轉會有六次轉矩微下降的情形發生，這個現象稱為轉矩脈動（Torque Ripple）。實際的馬達設計會調整構造、控制方式，減少轉矩脈動的發生。

　　無刷馬達除了驅動迴路，還需要利用感測器，並控制迴路來組成一個系統，才有辦法發揮馬達的功用。

column 無刷馬達的名稱

　　無刷馬達的「無刷」意指沒有電刷，泛指所有沒電刷的馬達。後面章節提到的感應馬達，相較於有電刷的同步馬達，也可稱為無刷馬達。無刷直流馬達則特別指稱沒有電刷的直流馬達，另外，使用方波（Square Wave）電流驅動的永磁同步馬達，也是無刷馬達的一種。用正弦波驅動的永磁同步馬達，則稱為AC伺服馬達（Servo Motor）。

第 **5** 章　同步馬達

他們好像是認真的，
這條街的開發……

聽說他們想要將
商店街改成購物中心。

咦？

這條商店街會消失？

若是成真，我們的店面好像會
納入購物中心……

那樣做……
客人會增加吧。

小戀？

116

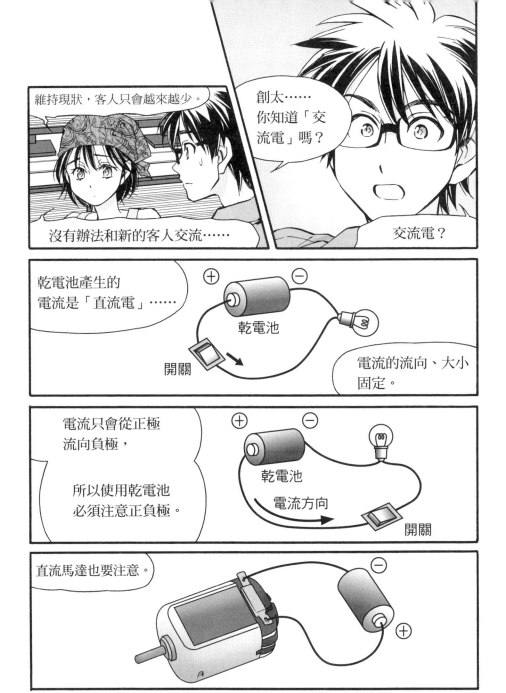

雖然無刷馬達線圈內的
電流能夠切換……
　　　　但需使用直流電源。

而交流電一秒內……
電流方向就可切換數十次。

數十次？

舉例來說，插座的插口是
兩個孔一組……

我們不會注意上下左右、正負方向，
會直接將插頭插進去使用。

對……

這是因為
電流的方向、大小
一直在變化……

插座供應的
是交流電。

交流電切換方向的次數稱為「頻率」……

單位為「赫茲（Hz）」。

Hz

東日本的交流電每秒改變五十次方向，頻率是 50Hz……

西日本的交流電每秒改變六十次方向，頻率是 60Hz。

咦……不一樣嗎？

因為西日本在明治時代引進的是美式發電裝置……

而東日本則是引進德式發電裝置。

一般家庭用兩條（一個系統）電線供應「單相交流電」。

工廠、大樓則用三條電線供應「三相交流電」。

我們用的電幾乎都是交流電。

這不就隱喻著，我們如果……

不和他們交流、改建，這個小鎮可能無法存活下去。

小戀……

……

但是，交流電……怎麼驅動馬達呢？電流快速變換方向，磁極也會一直改變吧？

沒錯……

直接通入交流電，螺線管、棒狀磁鐵都無法發揮原本的功用。

120

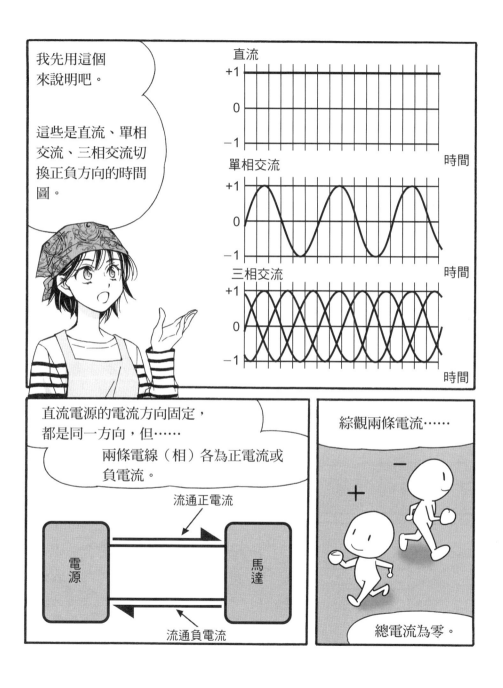

我先用這個來說明吧。

這些是直流、單相交流、三相交流切換正負方向的時間圖。

直流

+1
0
−1
時間

單相交流

+1
0
−1
時間

三相交流

+1
0
−1
時間

直流電源的電流方向固定，都是同一方向，但……

兩條電線（相）各為正電流或負電流。

流通正電流

電源

馬達

流通負電流

綜觀兩條電流……

＋

−

總電流為零。

單相電流也會
在某瞬間切換……

兩條電線各自流通
正電流或負電流。

雖然電流的大小會隨時間變化，
但正負電流的變化相同。

單相交流

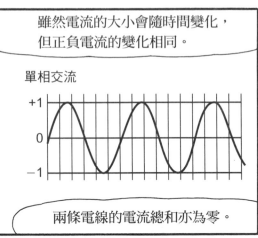

兩條電線的電流總和亦為零。

三相交流好像比較複雜……

三相交流

沒有這回事喔。

三相交流和單相交流一樣，
三條電線各自流通電流……

以相同的頻率，
彼此錯開 $\frac{1}{3}$ 的時間……

切換正負極……

三條電線的電流
總和為零。

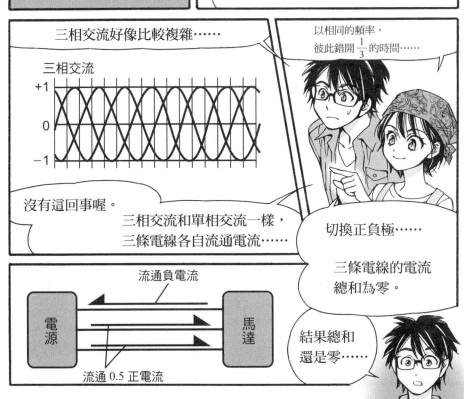

流通負電流

電源

馬達

流通 0.5 正電流

結果總和
還是零……

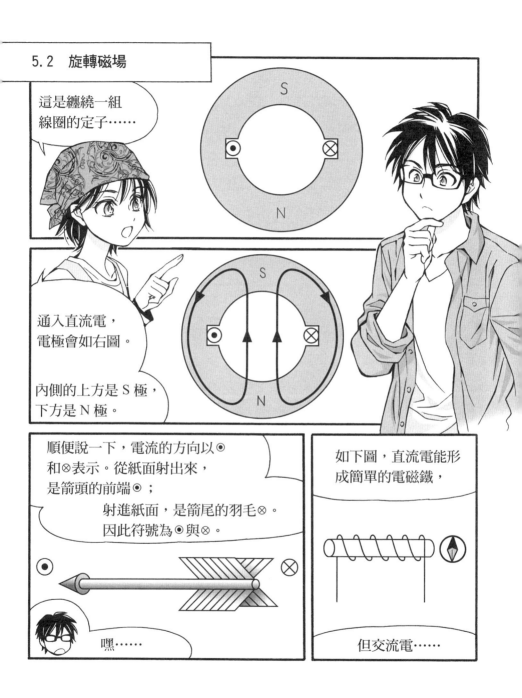

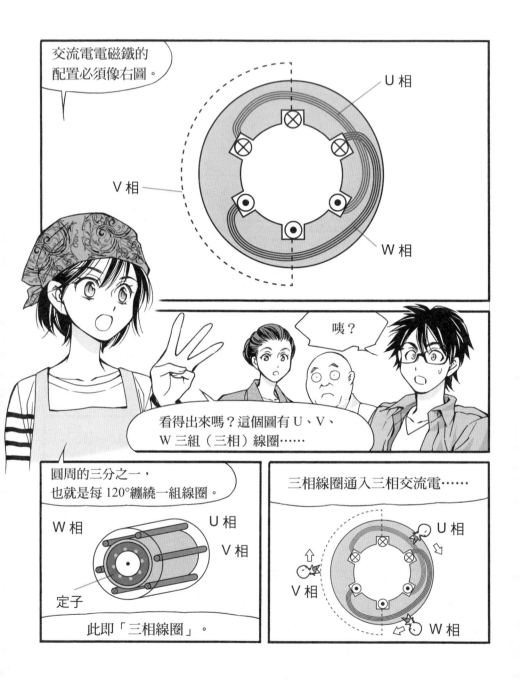

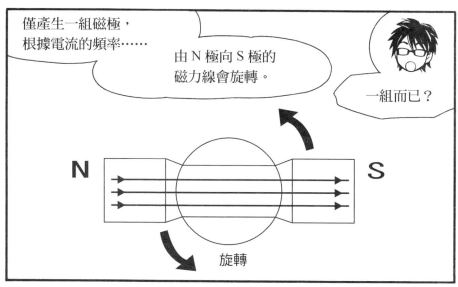

僅產生一組磁極，根據電流的頻率……

由 N 極向 S 極的磁力線會旋轉。

一組而已？

N　　　　　S

旋轉

我不詳細說明為什麼只有一組。

這和三角函數有關，數學式非常複雜……

總而言之，三相線圈通入三相交流電，

三相線圈中會產生一組永久磁鐵……

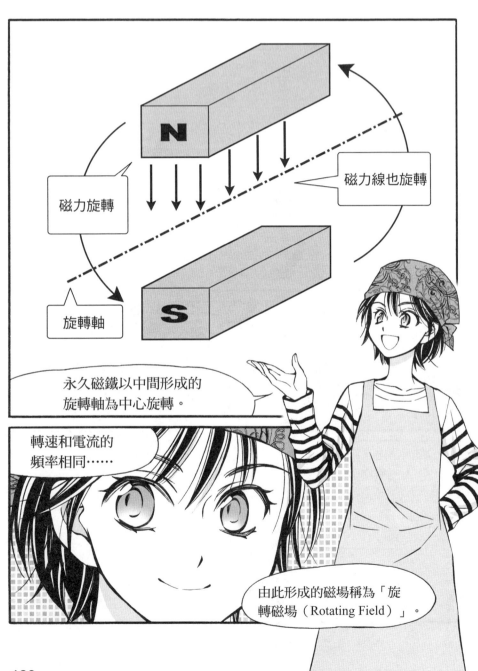

5.3　同步電壓的原理

也就是說，使用三相線圈……
交流電也能產生轉矩？

沒錯。舉例來說，
在這個三相線圈的內側……

U 相

V 相

W 相

永久磁鐵

設置永久磁鐵，

旋轉磁場

線圈

三相線圈通入
三相交流電，
產生旋轉磁場……

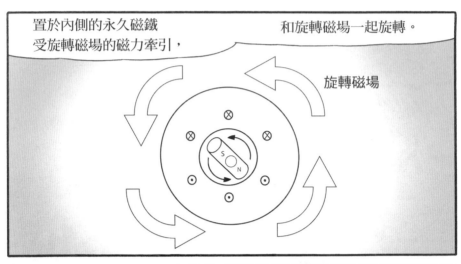

置於內側的永久磁鐵
受旋轉磁場的磁力牽引，

和旋轉磁場一起旋轉。

旋轉磁場

永久磁鐵旋轉的
圈數和旋轉
磁場相同……

此即「同步」。

哇——
磁場和磁鐵
一起旋轉啊。

這兩者同步，
電流的頻率即
和轉速成正比。

「同步馬達」
是利用交流電和
三相線圈……

依據此原理旋轉，

是一種
「交流馬達」。

！

同步馬達……他們感情真好。

順帶一提，前面提到的三相線圈，因為產生N、S兩個磁極，所以稱為「二極」。

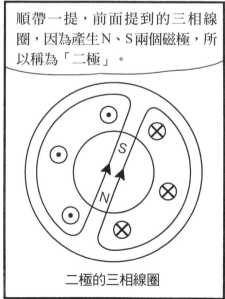

二極的三相線圈

這種三相線圈則稱為「四極」。

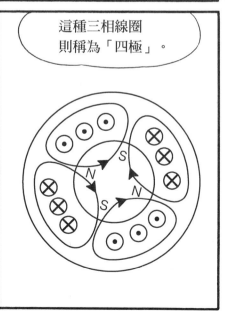

同步馬達的轉速
和電流的頻率
成正比……

所以我們只需變化
電流的頻率,
即能控制轉速。

例如,
電流的頻率變成**2**倍

轉速也會變成
2倍!

另外,同步馬達的
永久磁鐵會和旋轉
磁場的磁極中心,
保持某個角度,持
續旋轉……

這個角度,
稱為「相位差」。

相位差必須保持在
一定的範圍內,
否則無法同步。

嘿——

若機械異常,相位
差突然變化……

馬達可能減速或停止……
這情形稱為「失步(Out of
Synchronism)」。

失步啊……

所以同步馬達會使用「變
流器(Inverter)」,

檢測永久磁鐵轉子的磁極位置……

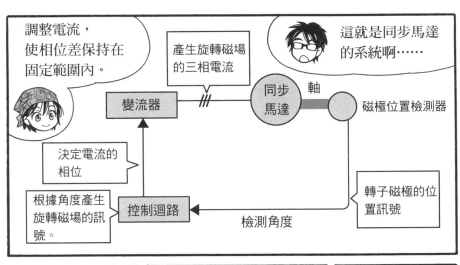

調整電流，使相位差保持在固定範圍內。

產生旋轉磁場的三相電流

這就是同步馬達的系統啊……

變流器

同步馬達

軸

磁極位置檢測器

決定電流的相位

根據角度產生旋轉磁場的訊號。

控制迴路

檢測角度

轉子磁極的位置訊號

怎麼樣？你有沒有覺得相較之下，直流馬達很簡單，根本像玩具？

咦？

這條商店街也是單線道的一直線，

必須向進化的馬達學習……

相互交流，由外人來控制比較好吧。

……

才……才沒有那回事！

!!

132

不管是交流或直流，都是馬達啊！如果沒有磁鐵和線圈，它們都沒辦法旋轉⋯⋯

的確⋯⋯

同步馬達根據永久磁鐵組裝於轉子的方式⋯⋯

分成永久磁鐵貼附在轉子鐵芯表面的——

磁鐵組裝在鐵芯的表面

N　S　鐵芯

S　N

周圍的磁阻為定值。

「表面磁鐵式同步馬達（SPM 馬達）」⋯⋯

以及永久磁鐵嵌入轉子鐵芯內部的——

q 軸　易於導磁

不容易導磁

鐵芯

d 軸

N

S　S

N

不同位置的磁阻不同

磁鐵嵌入鐵芯的內部

「內置磁鐵式馬達（IPM 馬達）」。

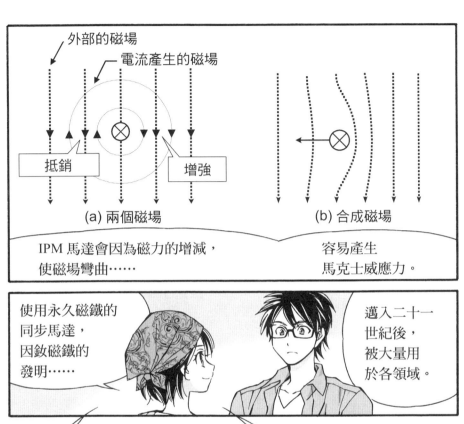

外部的磁場
電流產生的磁場

抵銷　　　　　　增強

(a) 兩個磁場　　　　　　　　(b) 合成磁場

IPM 馬達會因為磁力的增減，
使磁場彎曲……

容易產生
馬克士威應力。

使用永久磁鐵的
同步馬達，
因釹磁鐵的
發明……

邁入二十一
世紀後，
被大量用
於各領域。

但是，不管是哪種……都是馬達。

以前的直流馬達，
到現在還是在使用……
這條商店街
有自己的優點。

！

創太……
能不能跟我一起想辦法呢？

能夠保留原來的優點……

又能使這條商店街「進化」的辦法！

當……

當然沒問題！

第 5 章　補　充

直流馬達和無刷馬達皆需電流方向固定的直流電來驅動馬達，而本節將說明用交流電驅動的馬達。交流電是正負方向持續切換的電流。用交流電驅動的馬達，稱為交流馬達，本節將介紹交流馬達的其中一種——同步馬達。

什麼是交流電？

電力的使用基本上都需連接兩條電線。不論是乾電池或插座，都需要連接兩條電線才可使用。乾電池流出的是直流電，電流從乾電池的正極流出，再回到負極，所以使用乾電池，必須注意正負極。

家裡的插座卻不用區分正負極，直接插進去使用即可。這是因為插座流出的是交流電。交流電是方向、大小會反覆變化的電流，切換方向的次數稱為頻率，單位為赫茲（Hz）。電流切換方向的頻率，東日本是每秒五十次（50Hz）；西日本是每秒六十次（60Hz），台灣亦為 60Hz。電流方向會持續切換，不需區分正負極，電流的大小呈現正弦波變化。

此外，工廠、大樓使用的交流電是三條電線連接而成，稱為三相交流電。相對於三相交流電，一般家庭用的交流電，稱為單相交流電。

直流電、單相交流電、三相交流電的比較，如圖 5.1 所示。而直流電的情況則是一條電線流通正電流，另一條流通負電流，電流方向固定，兩條電線的電流一正一負，總電流為零。

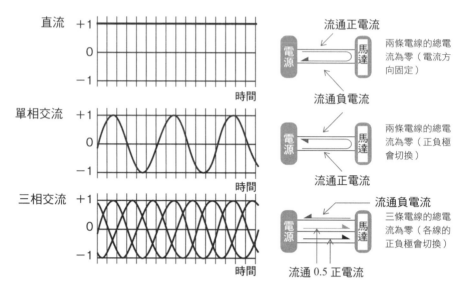

圖 5.1　直流、單相交流和三相交流電

　　單相交流電的一條電線流通正電流，另一條則流通負電流，兩者會互相切換正負電流。兩條電線的電流大小隨時間呈正弦波變化，但正負電流的變化幅度相同，因此，兩條電線的總電流為零。

　　三相交流電的兩條電線如同單相交流，各自流通著交流電。而一條電線稱為「相」，三相交流電與單相交流電雖然「相」不同，但頻率相同，各相電流皆會切換正負電流，而且會錯開 $\frac{1}{3}$ 的時間切換，因此，三相交流電的三條電線總電流亦為零。交流馬達是使用這種三相交流電驅動的馬達。

交流電與旋轉磁場

交流電的兩條電線會持續切換正負電流（亦即切換正負極），因此，將交流電通入螺線管，電流在兩端產生的磁極也會持續切換N、S磁極。螺線管通入直流電所產生的N、S磁極，像圓柱形磁鐵一樣，但若直接通入交流電，即無法當成圓柱形的永久磁鐵。

為了解決這個問題，交流馬達的線圈纏繞方式有點不一樣，馬達定子會纏繞著一組線圈，如圖5.2。此線圈通入直流電，定子內側上方是S磁極，下方是N磁極。通入直流電的定子環內側，可以當成是帶有磁極的磁鐵。將圖5.2的線圈通入交流電，電流會隨著頻率切換正負極，內側的N、S磁極也會跟著電流的頻率相互切換。

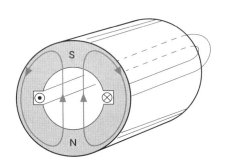

圖 5.2　單相線圈

我們接著來討論圖5.3的三組線圈。在圓周上每隔120°纏繞一組線圈，稱為三相線圈，各相名為U、V、W相，如圖5.3。三相線圈通入三相交流電，會如圖5.4所示，產生一組N、S磁極，而且磁極會隨電流的頻率旋轉，三相線圈內側由N極到S極方向的磁力線也會跟著旋轉。

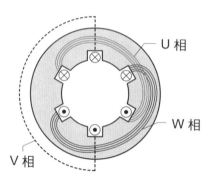

圖 5.3　三相線圈

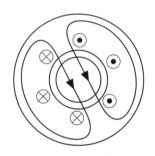

圖 5.4　三相交流電產生的磁極

　　這個現象如圖 5.5 所示，一組永久磁鐵的N、S極中間會產生一個旋轉軸，磁鐵以這個軸為中心來旋轉。磁場每秒的旋轉數和電流頻率相同，稱為旋轉磁場。

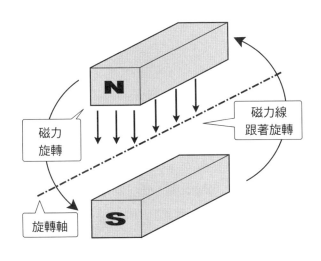

圖 5.5　旋轉磁場

　　以下利用數學式來說明磁場為什麼會旋轉。三相線圈的每個線圈皆相距 120°，間距為 $\frac{2\pi}{3}$[rad]。各相線圈在某處產生的磁通量密度，可用數學式來表示，下列式子即是各線圈在 θ 位置產生的磁通量密度，θ 為變數：

$$B_u = B_0 \sin\theta$$
$$B_v = B_0 \sin(\theta - \frac{2\pi}{3})$$
$$B_w = B_0 \sin(\theta - \frac{4\pi}{3})$$

　　這數學式代表三組線圈在空間上，相距 120°（$\frac{2\pi}{3}$[rad]）的情形，因此，線圈電流產生的磁場，在空間上也會相距 120°（$\frac{2\pi}{3}$[rad]），而在 θ 處產生的磁通量密度，則由各線圈與位置的關係決定。

各線圈產生的磁通量密度，則由通入線圈的電流決定。通入線圈的三相交流電如下，ωt 為變數：

$$i_u = I_m \cos\omega t$$

$$i_v = I_m \cos(\omega t - \frac{2\pi}{3})$$

$$i_w = I_m \cos(\omega t - \frac{4\pi}{3})$$

這代表通入各線圈的三相交流電，在時間上相差 120°（$\frac{2\pi}{3}$）的情況。相同頻率的電流會因為時間差，而產生相位的差異。三相交流電每個瞬間流入線圈的電流大小、方向皆不一樣。

各線圈的間距是 120°，線圈中的電流相位不同，各線圈在 θ 處產生的磁通量密度如下：

$$B_u = B_m \cos\omega t \cdot \sin\theta$$

$$B_v = B_m \cos(\omega t - \frac{2}{3}\pi) \sin(\theta - \frac{2}{3}\pi)$$

$$B_w = B_m \cos(\omega t - \frac{4}{3}\pi) \sin(\theta - \frac{4}{3}\pi)$$

各線圈產生的磁通量密度，不只受線圈與 θ 的距離影響，也會因為時間 t 而改變。

實際上，θ 處的磁通量密度 B，就是由這三組磁通量密度合成，亦即將所有數學式相加，代入各項磁通量密度[6]：

$$B = B_u + B_v + B_w$$

$$= \frac{3}{2} B_m \sin(\theta - \omega t)$$

---

[6] 利用三角函數的公式能夠推導出此式，讀者可以自行挑戰推導。

這個數學式受位置 θ 與時間 t 影響。此式表示三相線圈產生的磁通量大小是各相磁通量密度的 $\frac{3}{2}$ 倍，而磁通量會以角速度 ω 旋轉。也就是說，三相線圈通入三相交流電，外側的永久磁鐵會以圖 5.5 的方式旋轉。

同步馬達為什麼會旋轉？

在三相線圈的內側裝轉軸以及能夠旋轉的永久磁鐵。三相線圈通入三相交流電，產生旋轉磁場，內側的永久磁鐵受到旋轉磁場的磁力吸引，一起旋轉，且永久磁鐵的轉速和旋轉磁場的轉速相同，稱為同步。這就是同步馬達的旋轉原理。

同步馬達每分鐘的同步轉速 $N_0[\mathrm{min}^{-1}]$ 和電流頻率 $f[\mathrm{Hz}]$ 的關係，如下：

$$N_0 = \frac{120}{P}[\mathrm{min}^{-1}]$$

P 表示三相線圈的磁極數，以圖 5.3 的三相線圈為例，旋轉磁場有N、S兩個磁極在旋轉。磁極分布跟磁鐵一樣的線圈，稱為二極線圈，且 $P=2$。二極和四極的三相線圈如圖 5.6 所示。

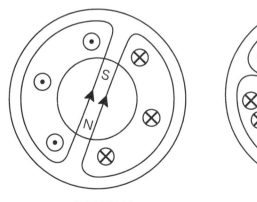

二極三相線圈　　　　　　　　四極三相線圈

圖 5.6　各種極數的三相線圈

同步馬達的轉速和電流頻率成正比，因此，控制電流的頻率即能控制轉速。同步馬達的轉子旋轉，會和旋轉磁場的磁極中心保持一定的角度，這個角度稱為相位差[7]。同步馬達的相位差必須保持在一個範圍內，才有辦法持續旋轉。若運作中的馬達突然有所變化，使旋轉磁場的相位差跟著變化，可能會造成轉矩低下、馬達減速或停止，這個現象稱為失步（Out of Synchronism）。

為了防止失步的發生，同步馬達會像無刷馬達一樣檢測磁極的位置，調整電流，讓定子的旋轉磁場（由交流電產生）與旋轉轉子（磁鐵）的相位差保持適當。和無刷馬達不一樣的是，同步馬達使用正弦波變動的三相電流，所以同步馬達不像無刷馬達僅需切換電流的磁極，同步馬達必須精細地調節磁極和旋轉磁場的關係。因此，同步馬達不使用檢測N、S磁極的感測器，而是使用高精密度的感測器——轉子位置檢測器。另外，為了調整正弦波電流，同步馬達會使用變流器，使變流器、位置檢測器形成永磁同步馬達的系統。

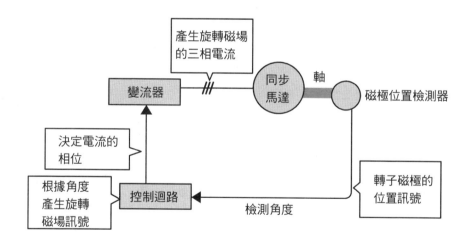

圖 5.7　永磁同步馬達的系統

---

[7]　相同轉速的相位差，亦即以相同速度前進的兩個物體之間的距離。

同步馬達的構造

永磁同步馬達的轉子裝了永久磁鐵。根據永久磁鐵裝設方法，永磁同步馬達可以分成表面磁鐵式同步馬達（SPM 馬達）[8] 和內置磁鐵式馬達（IPM 馬達）[9]。如圖 5.8(a)所示，SPM 馬達的永久磁鐵貼附在轉子鐵芯表面。

如圖 5.8(b)所示，IPM 馬達的永久磁鐵則內置在轉子鐵芯內部，而 IPM 馬達內置永久磁鐵的方式還有數種形式（參考第 134 頁）。

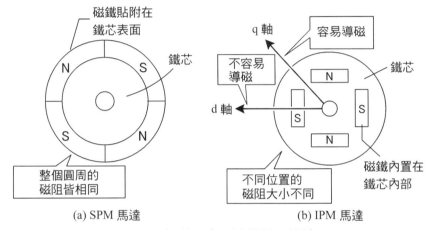

(a) SPM 馬達   (b) IPM 馬達

圖 5.8　永磁同步馬達的轉子構造

SPM 馬達的運作原理和同步馬達原理相同，僅靠旋轉磁場和永久磁鐵的吸引力來旋轉，但 IPM 馬達還可利用其他力量旋轉。鐵芯使用鐵或磁鐵，磁力容易通過的程度（導磁率 [10]）會不同。鐵的導磁率比較高，磁力容易通過，因此若磁鐵內置於鐵芯，磁鐵內部的磁力線會偏轉，如圖 5.9 所示，磁力線偏轉則會產生馬克士威應力，是 SPM 馬達（磁鐵貼附在轉子鐵芯表面）不會出現的作用力。因此，IPM 馬達會因為多出來的力，增加輸出功率，是一種高效率的馬達。

---

[8]　SPM：Surface Permanent Magnet，意即表面磁鐵。

[9]　IPM：Interior Permannet Magnet，意即內部磁鐵、埋入式磁鐵。

[10]　磁鐵的導磁率和空氣幾乎相同，而馬達使用的鐵（電磁鋼板），導磁率約為磁鐵的五百倍。

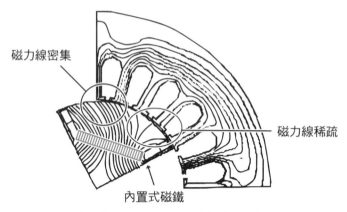

圖 5.9　IPM 馬達的磁力線偏轉

column 電感

電感可表示線圈的性能。電感的定義是：

$$\phi = L\,I$$

亦即磁通量 ϕ 和電流 I 的比例常數。

而電路的電感能以下列方式表示：

$$v = L\,\frac{di}{dt}$$

上式表示電感經由電流的時間變化 $\frac{di}{dt}$ 所產生的感應電動勢。

改變迴路的電流，線圈的磁場會跟著變化。磁場變化，線圈則會因為電磁感應，產生感應電動勢。也就是說，電流的變化會影響電壓的變化。

此外，迴路的電感元件通入電流，可由下式表示：

$$U = \frac{1}{2}LI^2$$

磁力能量會儲存在電感元件當中，藉由儲存、釋放這股能量，電感元件能降低電流的波動幅度。

第6章 感應馬達

152

如右圖。

咦？

構造這麼簡單嗎？

這個圓盤用銅、鋁等

磁鐵不會吸引的金屬做成。

銅和鋁？

磁力沒有辦法牽引圓盤啊！

不會。用鐵做圓盤，圓盤會和磁鐵緊緊相吸⋯⋯

被磁鐵夾住的圓盤，反而沒辦法旋轉。

然而，阿拉戈圓盤先旋轉的其實不是圓盤，而是磁鐵。

先旋轉的是磁鐵？

將磁鐵靠近圓盤並旋轉……

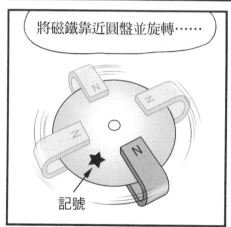

記號

圓盤會受磁鐵帶動，跟著轉動。

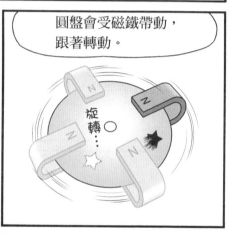

旋轉……

咦！怎麼會這樣？為什麼會這樣？

因為……

……

因為圓盤感應出「速率電動勢」！

速率電動勢？

154

導體在磁場中旋轉，和運動速率成正比……

就是那個啊！
我不是有提過嗎？

啊！
那個啊！

產生電力。

就阿拉戈圓盤的情況來說，動起來的是磁鐵……

作為導體的圓盤，先不動。

這狀態相對於導體移動，磁鐵不動。

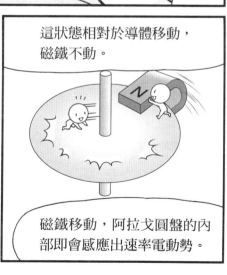

磁鐵移動，阿拉戈圓盤的內部即會感應出速率電動勢。

這次的導體不是棒子和電線，而是圓盤。

在這樣的情況下，感應出的電流……

會在圓盤的內部形成一圈圈的環狀流動。

因為流動的路徑是環狀，所以稱為「渦電流」。

喂！你們怎麼自己討論……

嘿！

藉由內部產生的渦電流和外部磁鐵的磁場，使圓盤受到電磁力而旋轉。

如此感應出速率電動勢的現象，稱為「電磁感應」。

利用電磁感應來旋轉的馬達，稱為「感應馬達」。

等一下！

妳不是說感應馬達不使用磁鐵嗎？

咦！

你有仔細聽我說話啊，謝謝你！

感應馬達使用的定子是……

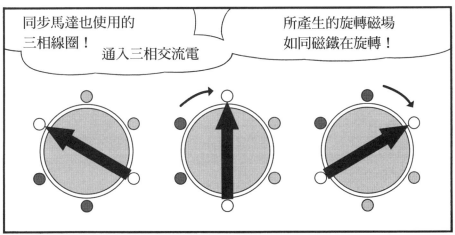

同步馬達也使用的三相線圈！

通入三相交流電

所產生的旋轉磁場如同磁鐵在旋轉！

而轉子則是相當於圓盤的銅、鋁等

不會受磁鐵吸引的導體。

感應馬達不直接使用圓盤啊。

喂……

160

這條商店街的
「旋轉」方式……

既不是現代化，
也不是追隨流行。

我們的個性、世代都不一樣……

若使用相同規格的馬達，大概會轉不起來。

但是，我們還是有可能輸出強大能量！

感應馬達和同步馬達一樣，

轉子的轉速與旋轉磁場
不同步……

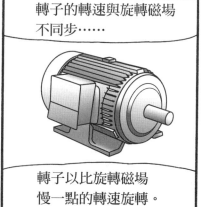

轉子以比旋轉磁場
慢一點的轉速旋轉。

旋轉磁場的轉速＝ N_0 和
實際轉速＝ N 的差值，

表示成比率，
稱為「轉差率（Slip）」。

轉差率

轉差率會感應馬達的轉矩，
跟著變化。

轉差率 ＝ S

$$S = \frac{N_0 - N}{N_0}$$

馬達停止，轉差率為 1……

轉矩為零，若馬達只是空轉，
轉差率則為零。

一般馬達的轉差率
都會設計成小於 0.1，

感應馬達最大的特徵
是轉差率不為零。

因為阿拉戈圓盤
也有轉差率，

所以圓盤的轉速會比
磁鐵的旋轉磁場慢。

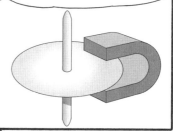

但若感應馬達驅動的機械突然有所變化，

需要的轉矩突然變大，馬達也不會發生失步現象。

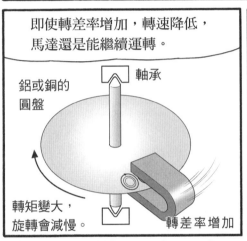

即使轉差率增加，轉速降低，馬達還是能繼續運轉。

鋁或銅的圓盤

軸承

轉矩變大，旋轉會減慢。

轉差率增加

而且只要接上交流電……

即使狀態改變使轉差率有所變化，馬達也能保持一定的轉速。

另外，為了像同步馬達一樣，防止失步現象，

必須檢測轉子的位置。

成本低的直流馬達可用於製造
手機的震動。

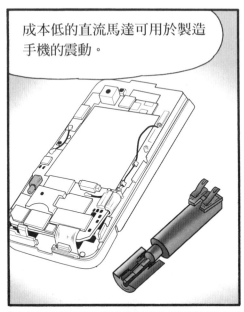

壽命長的無刷馬達則
用於電腦的硬體、

和機器人。

不論需要多少轉速，
少量電流的同步馬達即可
打造混合動力車……

高速旋轉的高鐵也只需要
少量電流的感應馬達。

善加利用每種馬達的特性……

能幫助人們過得更好。

這條商店街雖然老舊，居民個性相異，

但只要活用大家的特色，結合熱情……

……

即能像馬達一樣，幫助他人過更好的生活……

這即使在二十一世紀，仍是可行。

嗯…… 你們的計劃，太天真了……

!!

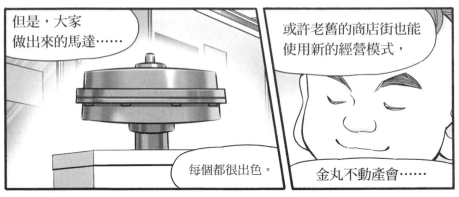

但是，大家做出來的馬達……

每個都很出色。

或許老舊的商店街也能使用新的經營模式，

金丸不動產會……

為了守護、振興這條商店街……全力協助你們。

哇！

謝謝金丸先生！

我……

！

別這樣，小戀！

我最喜歡的商店街……

開始轉動，邁向未來。

感應馬達和同步馬達一樣，使用三相交流電驅動馬達，不同的是，感應馬達不需永久磁鐵。永久磁鐵的同步馬達今日被廣為使用，但以前的機器設備幾乎都使用感應馬達，如今，電扇、幫浦、電車……大多數的機械仍使用感應馬達。

感應馬達為什麼會旋轉？

前文以阿拉戈圓盤解說感應馬達的原理，此處將用專業的電磁感應定律，深入討論感應馬達的旋轉原理。

如圖 6.1，線圈（導體）和磁通量如鎖鏈般交扣，稱為線圈和磁通量「交鏈」。在線圈和磁通量交鏈的狀態下，若交鏈的磁通量有所變化，線圈即會感應出電動勢，此現象稱為電磁感應。

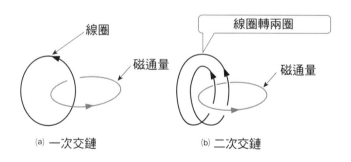

(a) 一次交鏈　　　　(b) 二次交鏈

圖 6.1　線圈和磁通量交鏈

線圈因電磁感應而產生的電動勢，稱為感應電動勢，大小和磁通量的變化率成正比。圈數 N 的線圈和磁通量 ϕ 交鏈，總磁通量為 $N\phi$，令為磁鏈 ψ（Interlinkage Flux）。當 ψ 隨時間 t 變化，由電磁感應所產生的感應電動勢 e，如下頁所示：

$$e = -\frac{d\psi}{dt} = -\frac{d(N\phi)}{dt} = -N\frac{d\phi}{dt} \quad [\text{V}]$$

上式代表感應電動勢隨線圈數變化。負號表示感應電動勢為抵抗磁通量變化,產生反方向的電流。

交流電產生的磁場電流方向持續變化,磁通量隨時間變化,線圈產生的感應電動勢也會跟著變化,這個觀念在第 2 章已提過。另外,磁通量或線圈移動,和線圈交鏈的磁通量即會變化,此時會形成感應電動勢(參考第 2 章的速率電動勢)。就電磁學來說,這些情形都來自和線圈交鏈的磁通量發生變化。當三相交流電的旋轉磁場旋轉,和旋轉磁場交鏈的線圈會因為磁場的移動,產生感應電動勢。

感應馬達的定子有三相線圈,通入三相交流電,線圈內部會產生旋轉磁場。感應馬達的轉子裝了相當於阿拉戈圓盤,用銅、鋁做成的導體。導體產生感應電動勢,電流會通入轉子的導體,因旋轉磁場而產生電磁力,驅動感應馬達旋轉。

為了讓轉子的導體產生感應電動勢,轉子和旋轉磁場的轉速必須相異。若轉子和旋轉磁場的轉速相同、同步旋轉,轉子導體的交鏈磁通量即不會變化,而維持定值。因此,感應馬達的轉速必須比旋轉磁場的旋轉慢一點。

感應馬達的構造

　　感應馬達的定子和同步馬達的定子都是三相線圈。感應馬達的轉子是鼠籠式導體，所以感應馬達的轉子又稱為鼠籠式轉子。

　　感應馬達的轉子由鐵芯和鼠籠式導體構成，也就是說，轉子全由金屬組成。當然，轉子的導體也可以是漆包線等纏捲的線圈，但一般都是鋁做成的鼠籠式導體。沒有磁鐵與線圈的漆包線，對低溫與高溫的耐性極強。低溫、高溫會減弱磁鐵的磁性，而且高溫還會軟化絕緣物（瓷漆等有機物，瓷漆亦即Enamel）。感應馬達沒有這些缺點，較耐用。

感應馬達的性能

　　感應馬達利用三相線圈和旋轉磁場來旋轉，但和同步馬達不一樣，它的轉子轉速和旋轉磁場沒有同步，轉子轉速會比旋轉磁場慢一點。旋轉磁場轉速 N_0 和實際轉速 N 的差可表示成比率，稱為轉差率。轉差率 S 如下所示：

$$S = \frac{N_0 - N}{N_0}$$

感應馬達的轉速以轉差率表示，如下：

$$N = \frac{120f}{P}(1 - S) \qquad [\text{min}^{-1}]$$

　　舉例來說，以 50Hz 的電流驅動，轉差率為 0.05 的四極感應馬達，轉差率為：

$$\frac{120 \times 50}{4}(1 - 0.05) = 1425 \qquad [\text{min}^{-1}]$$

亦即轉速為每分鐘旋轉 1425 圈。

轉差率和感應馬達產生的轉矩有關。轉矩若為零（馬達空轉）時，轉差率幾乎為零。轉矩增加，轉差率也會跟著上升。一般馬達都會設計成正常運作的轉差率小於 0.1，因此，即使旋轉的轉矩有所變化，只要轉差率變化不大，感應馬達的轉速即幾乎不會變化。

　　若感應馬達驅動的機器突然變化，轉差率改變，雖然轉速會受到些微的影響，但馬達仍能持續運轉，不會像同步馬達發生失步現象。為了防止失步現象，需檢測轉子的位置，加以控制。感應馬達接上電源，不論負載為多少，幾乎都以相同的轉速運轉，也就是說，感應馬達接上電源，不用控制也能夠以相同轉速旋轉，非常方便使用。

　　感應馬達轉速，必須藉由改變馬達的電源頻率來控制；而電源頻率必須用變流器來控制。運用變流器驅動感應馬達的控制方法，稱為 VVVF（Variable Voltage Variable Frequency，可變頻率可變電壓）控制。此方法不需像同步馬達一樣檢測轉子的位置，將馬達接上電源即可控制轉速。這是感應馬達被廣泛使用的原因之一。

阻抗是交流電路的專有名詞,表示交流電壓和交流電流的關係。

直流電壓 V 和直流電 I 的關係,用電阻 R 表示如下:

$$V = RI$$

直流電壓和直流電都是純量,可用歐姆定律表示兩者的關係。

然而,交流電壓和交流電的方向一直在變化,數值變化呈正弦波。交流電為 $i(t) = I_m \sin(\omega t + \phi)$,用振幅 I_m、頻率 ω 和相位 ϕ 來表示。以複數表示正弦波,電壓標記為 $\dot{V}$,電流標記為 $\dot{I}$。電壓和電流的關係表示如下:

$$\dot{V} = \dot{Z}\dot{I}$$

$\dot{Z}$ 相當於直流電歐姆定律的電阻,在交流電路則稱為阻抗。並且,電壓、電流、阻抗的關係建立在同一頻率的前提之上。

阻抗一般為複數,表示方式如下:

$$\dot{Z} = R + jX$$

式子的實數 R 等於直流電的電阻,虛數的 X 稱為電抗(Reactance),兩者的單位都是 $[\Omega]$。

運用阻抗,則交流電路也能用歐姆定律來表示電壓和電流的關係。

來商店街的人們，

會順手買名產。

牡丹餅

草餅

油餅

阿拉戈
圓盤仙貝

藥局

直流！

便秘藥

便秘藥　便秘藥　便秘藥

但藥局沒什麼人光顧……

商店街名產
小戀肉捲

也有店家沒有
搭上這股熱潮，

但是大家的熱情
不變。

這是好家電！
趕快買，混帳東西！

這條商店街不需
要我擔心了呢。

因為你喜歡這條
商店街，所以……
我才有信心。

能和這條商店街一起成長
……我真的很高興。

你的課業
很忙吧……
但要常來玩喔。

當……
當然！

我也是因為遇到小戀……

才對自己產生信心。

！

產生自己能在
東京生活的
自信……

我……
我……

咦？

啊！

嗒嘟嗒嘟…

下面的小鬼，你在別人
家前面做什麼啊……

東京的生活
愉快又刺激。

180

直流、交流，
和許多人來往——

同步，或受到感
應不斷前進，

如今，我已能夠輸出自豪
的 Power！

附錄　其他的馬達

除了前文所介紹的四種馬達，此處還會簡單說明其他馬達。

步進馬達（Stepper Motor）

步進馬達通入短時間的電流（脈衝電流）來固定角度，逐步運轉（Stepper），又稱為脈衝馬達（Pulse Motor）。運轉的原理如圖A.1表示，定子的線圈分別接上開關。當開關 S_1 打開，線圈 1 通入電流，磁極變成N極，永久磁鐵轉子的S極受吸引而旋轉，N、S極顛倒成①的位置。接著，關閉 S_1 打開 S_2，線圈 2 通入電流，磁極變成N極，線圈 1 磁極正下方的轉子S極受到吸引，往下轉到②的線圈 2 磁極位置。S_3、S_4 依序打開，轉子每次都旋轉 $90°$，一通入電流，轉子即朝下一個狀態逐步旋轉，就是步進馬達的原理。

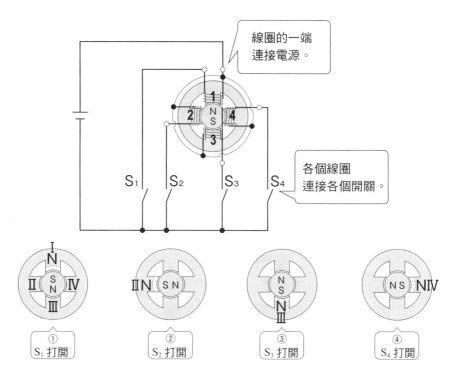

圖 A.1　步進馬達的旋轉原理

SR 馬達

SR 馬達是切換式磁阻馬達（Switched Reluctance Motor）的簡稱。SR 馬達的轉子只有鐵芯，沒有使用永久磁鐵，構造如圖 A.2 所示。轉子的剖面並非圓形，有凹凸起伏，定子內側纏有線圈的位置也有凹凸。SR 馬達的特徵是定子、轉子皆凹凸不平。轉子旋轉，轉子和定子之間的空氣隙（Air Gap）會忽大忽小。另外，SR 馬達和步進馬達一樣，以脈衝電流驅動。

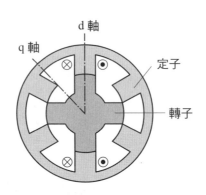

圖 A.2　SR 馬達的剖面圖

下頁的圖 A.3 可說明 SR 馬達的原理。圖 A.3 中，定子的線圈有一組，轉子的剖面是圓形，轉子是鐵芯。在圖 A.3(a)的位置通入電流，通過轉子的磁力線會偏轉，產生馬克士威應力，轉子受順時針方向的力作用。轉子轉到圖(b)的位置，磁力線會變成直線，轉子不再受力。因此，在轉子到達(b)的位置之前，必須讓線圈的電流變成零，旁邊的定子線圈通入電流。如此依序切換電流讓轉子持續旋轉的原理，和步進馬達很相似。

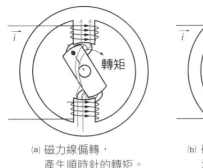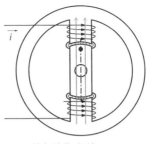

(a) 磁力線偏轉，
　　產生順時針的轉矩。

(b) 磁力線為直線，
　　沒有產生轉矩。

圖 A.3　SR 馬達的原理

　　SR馬達沒有使用磁鐵，轉子僅由鐵芯組成，是節省能源又耐高溫的馬達。SR馬達隨著電腦及絕緣閘雙極電晶體（IGBT）的進步而實用化，期望未來能廣泛用於各領域。

　　另外，馬達名稱的Reluctance，即是指磁阻。凹凸不平的外形，使馬達有高磁阻的部分與低磁阻的部分，得以利用此特性旋轉，所以稱為磁阻馬達。

線性馬達

線性馬達構造如圖A.4，平常運轉時，本體會切開，做直線運動。線性馬達的推力相當於旋轉馬達的轉矩。

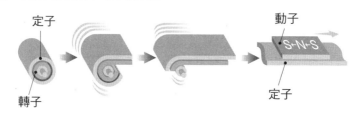

圖 A.4　旋轉馬達展開成線性馬達

產生直線方向作用力的馬達皆稱作線性馬達，根據推力的產生方式，又可分為線性感應馬達、線性同步馬達、線性直流馬達、線性步進馬達等。各種線性馬達產生推力的原理皆對應於旋轉馬達。

線性馬達由動子和定子組成，定子又稱為地上側；動子又稱為車上側。線性馬達沒有旋轉，不需要軸承，因此體積比旋轉馬達小。然而，因為無法使用減速器，所以產生的推力較大，除了鐵道、車輛，也廣泛運用於各種產業用機器、家電（電鬍刀）、相機的自動對焦等。

索引

英文

IGBT ································· 26, 34
IPM 馬達 ··························· 133
SPM 馬達 ··························· 134
VVVF ································· 174

三劃

三相交流電 ······················· 119

四劃

反電動勢 ····························· 87
引力 ································· 49
斥下 ································· 49
內置磁鐵式馬達 ····················· 133

五劃

弗萊明左手定則 ············· 50, 73, 86
右手螺旋 ····························· 61

失步 ································· 130

六劃

安培右手定則 ················· 46, 47
交鏈 ··························· 62, 171
光遮斷器 ··························· 110
同步馬達 ······················ 128, 143

七劃

阿拉戈圓盤 ························· 152
阻抗 ································· 175
步進馬達 ··························· 184

八劃

定子 ···························· 43, 44
直流馬達 ····························· 70
表面磁鐵式同步馬達 ·········· 133, 145

十劃

脈衝馬達 ·································· 184

馬克士威應力 ··············· 52, 65, 186

十一劃

釹磁鐵 ····································· 25

捲線軸 ····································· 61

旋轉磁場 ································· 126

十二劃

渦電流 ····································· 63

場磁鐵 ································ 87, 84

無刷馬達 ····························· 93, 114

單相交流電 ······························ 137

十三劃

電感 ······································ 147

電動勢 ······························· 86, 171

電樞 ······································· 77

電磁力 ····································· 65

電刷 ······································· 78

鼠籠式導體 ····························· 160

鼠籠式轉子 ····························· 161

極數 ································ 112, 143

感應電動勢 ····························· 171

感應馬達 ························· 171, 151

十四劃

磁場 ······································· 45

磁通量 ································ 62-64

磁阻馬達 ································· 186

十五劃

線性馬達 ································· 188

十六劃

輸出功率 ·································· 66

整流子 ································ 74-75

霍爾效應感測器 ························ 110

頻率 ······································ 119

十七劃

螺線管 ·························· 47, 61

十八劃

轉子 ····························· 43

轉矩 ····························· 56

轉子位置檢測器 ················· 144

轉差率 ·························· 163

二十一劃

鐵芯 ·························· 43, 44, 66

驅動迴路 ···················· 109, 110, 113

二十三劃

變壓器 ··························64

變流器 ·························· 130

〈作者簡歷〉

森本雅之

1975 年　慶應義塾大學工學部電氣工程學系畢業
1977 年　慶應義塾大學研究所碩士生課程修畢
1977～2005 年　三菱重工業（股份）就職
1990 年　工學博士（慶應義塾大學）
1994～2004 年　名古屋工業大學臨時講師
2005 年～　東海大學教授

〈主要日文著作〉
《電動汽車》（森北出版，2009）
2011 年受獎社團法人電氣學會第 67 回電機學術
振興賞著作賞。
《簡單易懂的電機機械》（森北出版，2012）

● 漫畫製作　股份有限公司 TREND-PRO ／ BOOKS-PLUS
　　　　　　從事漫畫及插畫等的企劃與製作，是 1988 年創立的出版公司。
　　　　　　BOOKS-PLUS 擁有日本最佳實績株式會社 TREND-PRO 的製作技
　　　　　　術，為專門製作書籍的品牌，全方位的企劃、編輯、製作，是業
　　　　　　界一流的專業團隊。

● 腳本　　　青木健生

● 漫畫　　　嶋津蓮

● DTP　　　股份有限公司 E-field

國家圖書館出版品預行編目（CIP）資料

世界第一簡單馬達 / 森本雅之作；衛宮紘譯. -- 初
版. -- 新北市：世茂, 2015.07
　　面；　公分. --（科學視界；183）
　　ISBN 978-986-5779-84-9（平裝）

1.電動機

448.22　　　　　　　　　　　　　104009000

科學視界 183

世界第一簡單馬達

作　　　者／森本雅之
審 訂 者／黃仲欽
譯　　　者／衛宮紘
主　　　編／陳文君
責任編輯／石文穎
出 版 者／世茂出版有限公司
負 責 人／簡泰雄
地　　　址／（231）新北市新店區民生路 19 號 5 樓
電　　　話／（02）2218-3277
傳　　　真／（02）2218-3239（訂書專線）
　　　　　　（02）2218-7539
劃撥帳號／19911841
戶　　　名／世茂出版有限公司　單次郵購總金額未滿 500 元（含），請加 50 元掛號費
世茂官網／www.coolbooks.com.tw
排版製版／辰皓國際出版製作有限公司
印　　　刷／祥新印刷股份有限公司
初版一刷／2015 年 7 月
ＩＳＢＮ／978-986-5779-84-9
定　　　價／280 元

Original Japanese language edition
Manga de Wakaru Motor
By Masayuki Morimoto and TREND・PRO
Copyright © 2014 by Masayuki Morimoto and TREND・PRO
Published by Ohmsha, Ltd.
This Traditional Chinese Language edition co-published by Ohmsha, Ltd. and
Shy Mau Publishing Group (Shy Mau Publishing Company)
Copyright © 2015
All rights reserved.